高温融体の界面物理化学

向井 楠宏

アグネ技術センター

はじめに

　日々の生活のなかで，我々は意識するとしないとにかかわらず，界面の存在が支配的な役割を果たしている現象，すなわち界面現象をしばしば目にする．たとえば，①脂を塗った針が水面に浮かぶ，②木切れの一端に樟脳をつけて水に浮かべると自然に動き出す，いわゆる樟脳ボート，あるいは③ワインの涙（**2-3-3** 参照），などなどである．①は水の表面張力と，針と水との間のぬれ性の悪さが主因となって生じるものであり，②と③は**マランゴニ効果**（Marangoni effect, **2-3-3**, **2-5-2** の ii）および **4-2** 参照）によって誘起される現象である．しかもこれらの界面現象は，ただめずらしいというだけでなく，工学上，特に高温材料プロセッシングの重要な技術課題に深く関わっていることが，最近の研究で明らかになってきたのである．

　界面の存在が支配的な役割を果たすこのような現象は，界面の存在が無視できない世界，いわゆる**界面が発達した世界**（**1-2** 参照）で生じる．最近脚光を浴びているナノテクノロジーが対象とする世界もそのなかに入れることができるであろう．

　ところで，界面現象に留まらず，現象をよく観察し，その結果を科学的に記述することは，現象の深い理解とその本質の把握に至る正統的なアプローチとなるであろう．また，そのことが，工学の諸課題に関わる各種現象の制御，あるいは問題の解決や技術上の開発，改良への着実なステップになりうる．

　上記，「界面現象の科学的記述」のなかの「科学」とはおもに，本書

の表題の**界面物理化学**（interfacial physical chemistry）（**1-1** 参照）を示す．それゆえ界面現象，界面が発達した世界で生じる様々な現象を取り扱うにあたっては，界面物理化学を深く理解し，応用する力を身につけておくことが，とりわけ大切なことと考えられる．

　本書の第2章はおもに，界面物理化学の基礎の部分をとり上げ，より深い理解に到達することを目的に設けられたものである．界面物理化学の基礎の部分では表面張力一つをとりあげてみても，筆者の理解する限り，現在もなお，材料工学分野の多くの研究者，技術者の間で十分な理解が得られておらず，大きくいえば，世界的にも理解が混乱しているように思えてならない．その意味もあって，第2章では，表面張力の記述にかなりの紙数をさいた．また，基礎の十分な応用のためには，重要な式については導出過程にまでさかのぼっての理解が必要と考え，導出部分についてもある程度触れることにした．

　第3章は，簡単にではあるが，高温材料プロセッシングが対象とする高温融体の界面性質の姿を紹介し，第2章の具体的な理解と，第4章での応用の助けになればとの考えでまとめた．

　第4章では，界面物理化学の，高温における材料プロセッシングへの応用の例を，筆者らの最近の研究結果を中心に紹介した．紙数の関係もあり，他の研究者の多くの重要な研究結果は割愛させていただいた．また紹介した筆者らの研究結果あるいは記述の中には，なお後世の判断にその正否を仰がねばならぬものがいくつかあると思われるが，あえて問題提起のつもりで取り上げた．ご理解，ご寛容を賜れば幸いである．

　本書の，原稿の作成，入力等においては次に記す皆様方にご協力いただいた．原稿内容の検討・文献の収集等：小塚敏之氏（熊本大学工

はじめに

学部），白石 裕氏（前東北大学選鉱製錬研究所），瀬々昌文氏（新日本製鐵八幡技術研究部），高須登実男氏（九州工業大学工学部），日比谷孟俊氏（首都大学東京システムデザイン学部），松下泰志氏（王立工科大学〈スウェーデン〉物質工学科）．原稿の入力・図面の作成等：泉 優佳理さん，大末陽子さん，オルガ・ヴェレズブさん，田中博子さん，外岡洋子さん，古薗隆洋さん，妻の由紀子．

　また，出版にあたっては，アグネ技術センターの前園明一氏，三堀久子氏にひとかたならぬご尽力をいただいた．

　あわせて，厚く御礼申し上げる．

2006 年 11 月

向井 楠宏

目次

はじめに
1章 序論 — 1
1-1 界面物理化学 …… 1
1-2 界面が発達した世界 …… 1
1-3 工学との関わり …… 3
2章 界面の取り扱いの基礎 — 7
2-1 界面について …… 7
2-2 界面の熱力学的取り扱い …… 8
2-2-1 ギブズの方法 …… 8
2-2-2 表面張力 …… 10
ⅰ) 表面張力の熱力学的解釈・10　ⅱ) 表面張力と分割面の位置・13
ⅲ) 表面張力と曲率半径・16　ⅳ) 表面張力と結合エネルギー・19
ⅴ) 表面張力と温度・21　ⅵ) 表面張力と表面応力・22
2-3 界面の力学的取り扱い …… 26
2-3-1 表面張力の力学的解釈 …… 26
2-3-2 ラプラスの式 …… 29
2-3-3 マランゴニ効果 …… 32
2-4 平衡状態の界面現象 …… 35
2-4-1 吸着 …… 35
ⅰ) ギブズの吸着式・36
2-4-2 ぬれ …… 40
ⅰ) ぬれの分類・40　ⅱ) ぬれの尺度・41　ⅲ) ぬれの概念の拡張・43
2-4-3 曲率の影響 …… 45
ⅰ) 蒸気圧・45　ⅱ) 蒸発熱・49　ⅲ) 融点・51　ⅳ) 溶解度・52
ⅴ) 相律・56

2-4-4	核生成 …………………………………………………………	57
	ⅰ) 均質核生成・57　ⅱ) 不均質核生成・63	
2-5	非平衡状態の界面性質, 界面現象 ………………………………	66
2-5-1	界面性質 ………………………………………………………	66
	ⅰ) 表面張力・67　ⅱ) 界面張力・68　ⅲ) ぬれ性(接触角)・70	
2-5-2	界面現象 ………………………………………………………	73
	ⅰ) 核生成速度・73　ⅱ) マランゴニ効果・74　ⅲ) 分散・76　ⅳ) 浸透・80	

3章　高温融体の界面性質 ——————————————— 85

3-1	測定値についての留意事項 ………………………………………	86
3-1-1	測定誤差等 ……………………………………………………	86
3-1-2	測定の難しさ …………………………………………………	86
	ⅰ) メタルの表面張力・86　ⅱ) スラグの表面張力・88	
	ⅲ) スラグ/メタル間界面張力・89　ⅳ) ぬれ性(接触角)・90	
3-2	表(界)面張力 ………………………………………………………	91
3-2-1	メタルの表面張力 ……………………………………………	91
3-2-2	スラグの表面張力 ……………………………………………	96
3-2-3	スラグ/メタル間界面張力 ……………………………………	98
3-3	メタル-セラミックス間のぬれ性 ………………………………	100
3-3-1	溶融金属-酸化物間のぬれの特徴 ……………………………	100
3-3-2	メタルおよび酸化物の化学組成の影響 ………………………	102
3-3-3	表面の物理的形状, 因子 ………………………………………	106
	ⅰ) 表面の粗さ・106　ⅱ) 界面の構造・107	
3-4	データブック, レビュー …………………………………………	108
3-4-1	データブック …………………………………………………	108
3-4-2	レビュー ………………………………………………………	109

4章　高温融体の界面現象と材料プロセッシング ——————— 113

4-1	鉄鋼製錬プロセスにおける界面現象 ……………………………	114
4-1-1	ぬれ ……………………………………………………………	115
	ⅰ) 連鋳プロセスにおける吹き込みアルゴンガスの挙動・115	
	ⅱ) スラグ, メタルの耐火物への浸透, 浸入挙動・116	
4-1-2	溶鋼のアルミニウム脱酸過程におけるアルミナの核生成 …	121

4-1-3 その他 ……………………………………………………… 122
   i) 分散・122   ii) 吸着・124
4-2 材料プロセッシングにおけるマランゴニ効果 ……………… 125
  4-2-1 高温融体に生じるマランゴニ効果の直接観察……………… 125
   i) 温度勾配に基づくマランゴニ対流・125
   ii) 電位の変化に基づくスラグ滴の伸縮など・129
   iii) 濃度勾配に基づくスラグフィルムの運動・132
  4-2-2 耐火物の局部溶損 ……………………………………………… 133
   i) 酸化物系耐火物・134   ii) 酸化物-非酸化物系複合耐火物・141
  4-2-3 界面張力勾配下での液体中微粒子の運動 …………………… 144
   i) 表面張力勾配下水溶液中微細気泡の運動・145
   ii) 凝固界面での微粒子の捕捉, 押し出し・146
   iii) 浸漬ノズルの閉塞・149

索 引 ─────────────────────── 156

【付録DVD目次】

高温融体の界面現象と材料プロセッシング―その場観察―

1. 溶鋼の連続鋳造用ノズル, モールド内における吹き込みアルゴンガスの挙動
   (水モデル実験) ……………………………………………………… 115
2. 溶融スラグ, メタルの耐火物への浸透, 浸入挙動…………………… 116
3. 高温融体のマランゴニ効果
   3-1 温度勾配に基づく液柱のマランゴニ対流 ……………………… 125
   3-2 電位の変化に基づくスラグ滴の伸縮 …………………………… 129
   3-3 濃度勾配に基づくスラグフィルムの運動
4. 耐火物のスラグ表面, スラグ/メタル界面における局部溶損
   4-1 耐火物成分の溶解により表(界)面張力が増大する系
     4-1-1 固体 SiO_2 の $PbO\text{-}SiO_2$ スラグ表面における局部溶損 ……… 135
     4-1-2 固体 SiO_2 の $PbO\text{-}SiO_2$ スラグ/Pb 界面における局部溶損 … 137
   4-2 耐火物成分の溶解により表面張力が減少する系
     4-2-1 固体 SiO_2 の $FeO\text{-}SiO_2$ スラグ表面における局部溶損 ……… 139
   4-3 酸化物-非酸化物系複合耐火物のスラグ/溶鉄界面における局部溶損
     4-3-1 アルミナ・グラファイト質耐火物の局部溶損 ……………… 141
     4-3-2 マグネシア・カーボン質耐火物の局部溶損 ………………… 141
5. 表面張力勾配下水溶液中微細気泡の運動
   5-1 表面張力勾配が定常状態にある場合の運動 …………………… 145
   5-2 水溶液の凝固界面近傍における運動 …………………………… 146

1章 序　論

1-1 界面物理化学

　本書の表題に使用した「界面物理化学」という名称は過去にさかのぼってよく調べたわけではないが，筆者が最近のレビュー[1]等で，勝手に名づけて用いはじめたものであると思っている．その意味するところは，界面化学，化学熱力学，移動現象論を用いて界面現象の平衡論，速度論を，おもにマクロ的観点から取り扱う学問分野という意味である．それゆえ，「界面物理化学」は，その適用範囲を間違えない限り，今日では，誤りのない学問といえる．現時点での界面物理化学は，本書からもご理解いただけると思うが，特に速度論の分野の体系化が不十分であり，今後の発展に待つところが大きい．

　界面物理化学を深く理解し，応用の力を身につけること，そのことによって，界面物理化学の観点から，工学上の諸現象，諸課題を取り扱うことができるようになれば，今まで見えなかったものが見えるようになる．そして「界面物理化学」は例えば，工学上の技術的諸課題との関わりの解明，またそれらの解決への道を拓く有用の具になるであろう．

1-2 界面が発達した世界

　それでは界面現象が支配的になる，いわゆる「界面が発達した世界」

とはどのようなものであろうか．以下に少し具体的に述べてみよう．

　我々が日常体験している世界というのは，自分の背の高さや体重，時間の経ち具合などを基準にして，「このようなものである」と考えがちである．しかしこれらの基準が極端に異なる世界ではどういうことになるのであろうか．その一つの例を，ビッグバン理論で有名なガモフが，『不思議の国のトムキンス』[2]で紹介している．例えば，光の速度が時速20kmの世界を自転車で走ったらどのようなことが起こるのか，相対性理論に従えば，自分から見えるまわりの風景は短くなり，あるいは，自分の時計の進む速さが遅くなる．このようなことを大変興味深く描写している．

　「界面が発達した世界」とは，体積に対する表面の割合，すなわち比表面積が異常に大きくなった世界という意味である．具体的には，非常に小さい粒子とか薄い膜，あるいは細い線でできている世界である．界面は熱力学でいう相境界に位置し，均一相内（均一相）と比較した場合，そこには界面張力が存在し，熱力学的には後述（**2-2-2のi**)）するように，過剰のヘルムホルツエネルギーが存在するとして解釈される．またその界面張力は，力学的には界面に沿って等方的に働く単位長さあたりの力でもある．すなわち界面張力は熱力学的には，単位面積あたりの過剰のヘルムホルツエネルギーであり，力学的には，単位長さあたりの力という二つの顔を持つものであるといえる．比表面積が小さい場合には，界面張力の寄与は，巨容相（bulk phase）の自由エネルギーあるいは，重力に起因する力等に比して小さいが，比表面積が大きくなったいわゆる「界面が発達した世界」ではその寄与が無視できなくなり，様々な界面現象が，系の状況に応じて現出することになる．本書の「はじめに」で紹介した界面現象以外にも，例えば，薄いスラグの液膜が重力に逆らって上昇する，あるいは水溶液中の

微細な泡が沈むというような，我々が日常で体験する常識では理解できないような現象が実際に生じる．学問の世界においても，よく知られているギブズの相律式が，界面が発達した世界では適用できなくなる．例えば，物質の融点，溶解度，蒸気圧等は，界面の曲率半径によって変化する．それゆえ，系の示強性変数として，たとえば，曲率半径を新たに考慮に入れなければならなくなる．ギブズの相律式は，界面の寄与を無視して導出されたものであり，界面が発達した世界で適用できないのは，むしろ当然といえる．

1-3 工学との関わり

　興味深いのは，このような界面現象が，工学上の様々の場面に深く関わっている，あるいはその可能性があるということである．最近，とりわけ注目され，その関わりが精力的に研究されてきたものに，マランゴニ効果がある．

　人工衛星の出現等によって，研究因子としての重力の項を，これまでの地上の重力場だけでなく，それ以下のマイクログラビティ（いわゆる無重力）まで拡げることができるようになった．地上では，重力の作用によって生じる密度対流をなくすことはできないが，無重力下では，この密度対流が消滅する．一方，たとえば溶融状態から結晶を製造する場合には，温度勾配が存在するので，それによって誘起される表面張力勾配に起因するマランゴニ対流はさけられない．他方，表面張力勾配を意図的に現出しうる条件のもとでは，マランゴニ対流そのものを，密度対流と分離する形で，観察することができる．このような研究環境の出現によって，これまでに，無重力環境を用いてのマランゴニ対流そのものの研究，あるいは，材料製造との関連におけるマランゴニ対流の研究が数多くなされてきた．少し古くなるが，1985

年の筆者のレビュー[3]でもその一端をかいま見ることができる．この他にも，潤滑[4,5]，界面活性剤を含む水溶液の溢流ぜき手前における異常加速現象[6]，液晶の挙動[7]，液体薄膜の対流現象（いわゆるBenard-Marangoni Convection）[8]等との関連についての研究，あるいは赤外-可視光イメージコンバーター(infrared-visible image converter)のアイデア[9]等のトピックスなどをあげることができる．

筆者らは，界面現象と高温における材料プロセス工学，具体的には，金属製錬プロセス，耐火物の溶損，シリコン単結晶育成プロセス，溶接等との関わりに焦点をあて，これまでに，両者の関連と技術的課題の解明をめざして研究を進めてきた．その結果，この分野においても，界面現象が深く関わっている，あるいはその可能性のあることが明らかになってきたと思っている．

本書の第4章では，この高温における材料プロセッシングと界面現象との関わりを紹介する．鉄鋼製錬に代表される現代の高温材料プロセスは，ほとんどが液体状態から凝固過程を経て，大量，均質，安価な材料（固体）を製造するプロセスを採用している．この分野では，一般に高温での液体を慣用的に高温融体と呼び，個々の物質では，溶融金属，溶融スラグ，溶融塩等の表現で用いている．そこで本書では，液体状態を意味するものとして，第2章ではおもに液体，液相を，第3,4章では融体，溶融金属等の表現を用いることにした．

【参考文献】
1) 向井楠宏：ふぇらむ，**5** (2000), 725
2) G. Gamov 著，伏見康治，山崎純平訳：不思議の国のトムキンス，白揚社，(1959)
3) 向井楠宏：鉄と鋼，**71** (1985), 1435

4) A. A. Fote, L. M. Dormant and S. Fuerstein : Lub. Eng., **32** (1976), 542
5) 平野富士夫, 境 忠男 : 潤滑, **22** (1977), 490
6) 今石宣之, 中村 仁, 庄野 寿, 井野 一, 宝沢光紀, 藤縄勝彦 : 化学工学論文集, **8** (1982), 136
7) 例えば, F. M. Leslie: J. Phys. D, Appl. Phys., **9** (1976), 925
8) 例えば, P. Cerisier, J. Pantaloni, G. Finiels and R. Amarlic: Applied Optics, **21** (1982), 2153
9) J. C. Loulergue, P. Manneville and Y. Pomeau: J. Phys. D: Appl. Phys., **14** (1981), 1967

2章　界面の取り扱いの基礎

2-1 界面について

　日常用語として用いられる表面は，固体と気体あるいは液体と気体との界面を意味する．複数の相を含む不均一系においては，示強性の性質（密度のように，系の質量に無関係な熱力学的性質）が不連続性を示す部分があり，熱力学的には，その部分を界面と定義する*．

　不均一系の各々の相は，外力場（重力場，静電場など）の影響が無視できる場合，明確な物理的境界により他と区別される物質系の均一な部分，すなわち示強性の性質が均一である領域として定義される．ただし，ミクロ的に見れば，界面は少くとも1原子，あるいは1分子以上の厚さを持っており，示強性の性質もその界面の厚さ内で連続的に変化していると考えることができる．しかし，本章で主に取り扱おうとしている液相を含む界面を，ミクロ的に記述することは，近年の分子動力学的アプローチに確かな進展は見受けられるとはいえ，現在なお困難な状態にある．そこで，界面の取り扱いは以後おもに，上記の熱力学的に定義されるマクロ的観点に基づいて進めることにする．

---

*以後，特に「界面」と区別して「表面」と表記する必要がある場合を除き，基本的に「界面」と表記する．

2-2 界面の熱力学的取り扱い
2-2-1 ギブズの方法

2-1 で述べたように,界面のミクロ的記述には未だ多くの困難があり,現在においても,液相を含む界面の取り扱いの基本は,次に述べるギブズ (Gibbs) の方法に依っている.

ギブズは,示強性の性質が不連続性を示す領域に,図 2.1 に示すような厚さのない分割面 (dividing surface) S という概念を仮想的に持ち込んだ.そして,この概念をもとに,界面の記述をマクロ的に行うことを考えた.

図 2.1 は,α 相と β 相およびその界面(xy 平面に垂直,y 軸に平行)を示すものであり,同時に,α 相,β 相および界面における成分 i の濃度 c_i (mol/m^3) の分布を示す.ギブズはこの界面領域に,界面に平行な厚さのない分割面 S を導入した.

図 2.1 の領域,すなわち $V^\alpha + V^\beta$(図 2.1 の全面積×厚さ)中の成分 i の全モル数を n_i(縦線部の面積×厚さに相当)とする.もし,α 相中

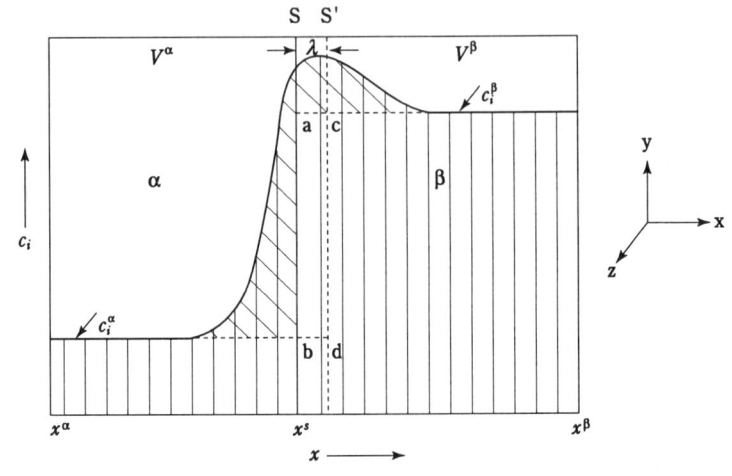

図 2.1 ギブズの分割面

の成分iの濃度が分割面Sまで，α相中と同一の濃度c_i^αを保つとすれば，その場合の成分iのモル数は$c_i^\alpha V^\alpha$である．同様にV^β中のモル数は$c_i^\beta V^\beta$となる．それゆえ，全モル数n_iから$(c_i^\alpha V^\alpha + c_i^\beta V^\beta)$を差し引いた量$n_i^s$は，図2.1の枠の高さと厚さをそれぞれ単位長さ(m)とすれば，図2.1の斜線部の面積，正確には$\int_{x^\alpha}^{x^s}(c_i-c_i^\alpha)\mathrm{d}x + \int_{x^s}^{x^\beta}(c_i-c_i^\beta)\mathrm{d}x$に相当し，界面に過剰に存在する成分$i$のモル数とみなすことができる．すなわち

$$n_i^s = n_i - (c_i^\alpha V^\alpha + c_i^\beta V^\beta) \quad (2\text{-}1)$$

分割面の面積をAとすれば，単位界面積あたりの成分iの過剰量，すなわち界面過剰量$\Gamma_i (\mathrm{mol/m^2})$を次式で定義できる．

$$n_i^s = A\Gamma_i \quad (2\text{-}2)$$

このような方法に基づけば，他の界面量(界面過剰量)についても同様に定義することができる．

内部エネルギー（後述，**2-2-2**のi）），の表面エネルギーに相当）

$$U^s = U - (u_v^\alpha V^\alpha + u_v^\beta V^\beta) \quad (2\text{-}3)$$

エントロピー

$$S^s = S - (s_v^\alpha V^\alpha + s_v^\beta V^\beta) \quad (2\text{-}4)$$

ヘルムホルツ(Helmholtz)エネルギー（後述，**2-2-2**のi）），の表面張力に相当）

$$F^s = F - (f_v^\alpha V^\alpha + f_v^\beta V^\beta) \quad (2\text{-}5)$$

ギブズエネルギー

$$G^s = G - (g_v^\alpha V^\alpha + g_v^\beta V^\beta) \qquad (2\text{-}6)$$

ここで，$u_v^\nu, s_v^\nu, f_v^\nu, g_v^\nu$ ($\nu = \alpha, \beta$) はそれぞれ，ν 相の単位体積あたりの内部エネルギー，エントロピー，ヘルムホルツエネルギー，ギブズエネルギーである．

ギブズの方法は，界面における諸性質のミクロ的記述を行うのではなく，界面の諸性質について，巨容相 α, β 中の諸量との差としての量 n_i^s, U^s ……等をとりあげ，それらの量を，厚さのない分割面 S にすべて集約して表すというものである．この方法は図 2.1 でもわかるように，界面領域において分割面の位置をどこに置くかによって，n_i^s 等の値が変わりうるものであり，ある程度の不便さがつきまとう．また，表面過剰量のみしか取り扱えない不便さもある*．

2-2-2 表面張力
ⅰ) 表面張力の熱力学的解釈

一成分系の液相表面に，熱力学第一法則を適用してみよう．系の表面が dA だけ増加した場合，表面の内部エネルギーの変化 dU^s は

$$dU^s = dQ^s + \gamma dA \qquad (2\text{-}7)$$

dQ^s は表面が吸収した熱量，γdA は dA の変化により，等温的に表面になされた仕事量，γ は後述の表面張力である．

---

*この不便さを解消するものとして，グッゲンハイム (Guggenheim)[1] は二分割面の概念を導入した．しかし，かえって複雑さが増すことにもなり，そういうこともあってか，現在はギブズの方法が広く用いられているようである．

可逆変化(平衡)では

$$dQ^s = TdS^s \quad\quad (2\text{-}8)$$

ゆえに

$$dU^s = TdS^s + \gamma dA \quad\quad (2\text{-}9)$$

ヘルムホルツエネルギー F, F^s は次のように表される．

$$F = U - TS \quad\quad (2\text{-}10)$$
$$F^s = U^s - TS^s \quad\quad (2\text{-}11)$$

上式の全微分をとれば

$$dF^s = dU^s - TdS^s - S^s dT$$
$$= TdS^s + \gamma dA - TdS^s - S^s dT = \gamma dA - S^s dT \quad\quad (2\text{-}12)$$

ゆえに

$$f^s \equiv \left(\frac{\partial F^s}{\partial A}\right)_T = \gamma \quad\quad (2\text{-}13)$$

上式(2-13)より，表面張力は単位表面積あたりのヘルムホルツエネルギーの表面過剰量であることがわかる．

f^s はヘルムホルツエネルギーの定義に従えば，次のように表される．

$$f^s \equiv u^s - Ts^s \quad\quad (2\text{-}14)$$

すなわち，表面張力 γ ($=f^s$) は内部エネルギー項 u^s (表面エネルギー) とエントロピー項 Ts^s より成る．u^s, s^s はそれぞれ，単位表面積あたりの内部エネルギー，エントロピーの表面過剰量である．

図 2.2 は，液相内部と表面における原子あるいは分子の結合状態を，

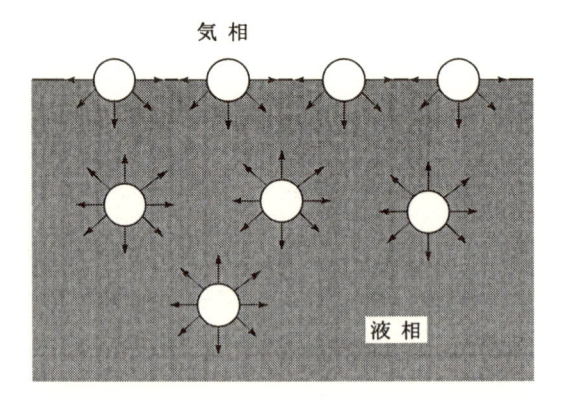

図 2.2 液相内部と表面における原子あるいは分子の結合状態の模式図

平面（2次元）上に模式的に示したものである．粒子間の相互作用を示す結合手の数は表面の分子の方が内部の分子より少ないので，その分だけ表面分子のエネルギー状態は高くなる．このエネルギー状態の増分が u^s に相当する．図 2.2 に示すように，表面では結合状態が内部とは異なることもあり，表面での分子の存在（配列）状態も内部と異なっているはずである．すなわち，エントロピーも表面と内部では異なっているはずであり，この差が s^s に相当する．

多成分系では f^s と γ の関係は次式で表される．

$$f^s = \gamma + \sum_{i=1}^{r} \mu_i \Gamma_i \quad \cdots\cdots\cdots\cdots\cdots (2\text{-}15)$$

μ_i は成分 i の化学ポテンシャルである．

式 (2-15) は次のように導出される．

α 相（気相），β 相（液相），界面（面積 A）よりなる系の平衡状態における全ヘルムホルツエネルギー F は

$$F = -p^\alpha V^\alpha - p^\beta V^\beta + \gamma A + \sum_{i=1}^{r} \mu_i (n_i^\alpha + n_i^\beta + n_i^s) \cdots\cdots (2\text{-}16)$$

なぜなら平衡状態では

$$\mu_i^\alpha = \mu_i^\beta = \mu_i^s \quad \cdots\cdots\cdots\cdots\cdots\cdots\cdots\cdots\cdots\cdots\cdots\cdots\cdots\cdots\cdots\cdots\cdots (2\text{-}17)$$

また，A 以外の F の変数を一定にした場合，式 (2-13) を用いることができるので式 (2-16) に γA が含まれることになる（詳しくは文献 2), 3) 参照）．

α, β 相のヘルムホルツエネルギー F^α, F^β はそれぞれ

$$F^\alpha = -p^\alpha V^\alpha + \sum_{i=1}^r \mu_i n_i^\alpha \quad \cdots\cdots\cdots\cdots\cdots\cdots\cdots\cdots\cdots (2\text{-}18)$$

$$F^\beta = -p^\beta V^\beta + \sum_{i=1}^r \mu_i n_i^\beta \quad \cdots\cdots\cdots\cdots\cdots\cdots\cdots\cdots\cdots (2\text{-}19)$$

式 (2-5) より

$$F^s = F - F^\alpha - F^\beta = \gamma A + \sum_{i=1}^r \mu_i n_i^s \quad \cdots\cdots\cdots\cdots (2\text{-}20)$$

両辺を A で除すれば，式 (2-15) が得られる．

分割面の位置を

$$\sum_{i=1}^r \mu_i \Gamma_i = 0 \quad \cdots\cdots\cdots\cdots\cdots\cdots\cdots\cdots\cdots\cdots\cdots\cdots\cdots (2\text{-}21)$$

のところにとれば（この面をゼロ吸着面という），そこでは f^s は γ に等しい．

ii）表面張力と分割面の位置

平らな表面の表面張力は分割面の位置に依らず一定である．このことを文献 4) に倣って考察してみよう．

平らな分割面を，λ の距離だけ β 相中に動かした場合の表面張力 γ の変化量 $\Delta\gamma$ を考える（図 2.1 参照）．表面張力は式 (2-15) より

$$\gamma = f^s - \sum_{i=1}^{r} \mu_i \Gamma_i = u^s - Ts^s - \sum_{i=1}^{r} \mu_i \Gamma_i \quad \cdots\cdots\cdots\cdots (2\text{-}22)$$

ところで，平らな分割面を λ の距離だけ β 相中に動かした場合の u^s, s^s, Γ_i の変化は，それぞれ，$\lambda(u_v^\beta - u_v^\alpha)$, $\lambda(s_v^\beta - s_v^\alpha)$, $\lambda(c_i^\beta - c_i^\alpha)$ となる．このことは図 2.1 において，Γ_i の変化を考えればよく理解できるであろう．すなわち λ の移動により，abcd の面積に相当する n_i^s の増加 Δn_i^s が生じ，その結果 $\Delta n_i^s/A = \lambda(c_i^\beta - c_i^\alpha)/A = \Delta\Gamma_i$ の変化が生じる．ここで $u_v^\alpha = U^\alpha/V^\alpha$, $u_v^\beta = U^\beta/V^\beta$, $s_v^\alpha = S^\alpha/V^\alpha$, $s_v^\beta = S^\beta/V^\beta$ である．

それゆえ，λ の移動による表面張力の変化 $\Delta\gamma$ は式 (2-22) より

$$\Delta\gamma = \lambda(u_v^\beta - u_v^\alpha) - T\lambda(s_v^\beta - s_v^\alpha) - \sum_{i=1}^{r} \mu_i \lambda(c_i^\beta - c_i^\alpha) \quad \cdots\cdots (2\text{-}23)$$

上式を整理すれば

$$\Delta\gamma = \lambda\left\{ u_v^\beta - Ts_v^\beta - \sum_{i=1}^{r} \mu_i c_i^\beta - \left(u_v^\alpha - Ts_v^\alpha - \sum_{i=1}^{r} \mu_i c_i^\alpha \right) \right\} \cdots (2\text{-}24)$$

となる．

$u_v^\beta - Ts_v^\beta = f_v^\beta$, $\sum_{i=1}^{r} \mu_i c_i^\beta = g_v^\beta$ *, $u_v^\alpha - Ts_v^\alpha = f_v^\alpha$, $\sum_{i=1}^{r} \mu_i c_i^\alpha = g_v^\alpha$,

$f_v^\alpha - g_v^\alpha = -p^\alpha$（$\beta$ 相も同様），であるので

---

* $G = \sum_{i=1}^{r} \mu_i n_i$, $c_i^\beta = n_i^\beta/V^\beta$ ゆえ．

2章 界面の取り扱いの基礎

$$\Delta\gamma = \lambda\{f_v^\beta - g_v^\beta - (f_v^\alpha - g_v^\alpha)\} = \lambda(p^\alpha - p^\beta) \quad \cdots\cdots\cdots (2\text{-}25)$$

ここで $f_v^\alpha = F^\alpha/V^\alpha$, $g_v^\alpha = G^\alpha/V^\alpha$ (β 相も同様に定義) である.

界面が平面の場合,平衡状態では $p^\alpha = p^\beta$ ゆえ, $\Delta\gamma = 0$, すなわち γ は分割面の位置 (λ の値) によらず一定となる.

《曲面の場合》

しかし,表面が曲面 (球面) の場合には,表面張力は,式 (2-26) に示すように,分割面の位置により変化する.

$$\gamma = \gamma_s\left(\frac{r_s^2}{3r^2} + \frac{2r}{3r_s}\right) \quad \cdots\cdots\cdots\cdots\cdots\cdots\cdots\cdots\cdots\cdots (2\text{-}26)$$

r は分割面の半径である. 式 (2-26),および図 2.3 より, γ は $r = r_s$ で極小値 γ_s をとることがわかる. $r = r_s$ での分割面を張力面 (surface of tension) と呼ぶ.

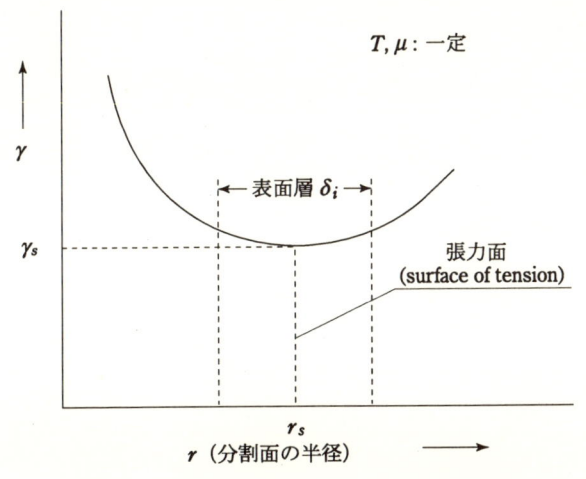

図 2.3 分割面の位置による表面張力の変化

ただし，張力面は界面領域の中にあるので，この界面領域の厚さ（以後界面厚さと略称）δ_i（およそ2,3分子層以下の厚さとしてよい）がr_sに比べて小さい限り，すなわち$\varepsilon = \delta_i / r_s$とおけば

$$\gamma = \gamma_s \{1 + \varepsilon^2 + O(\varepsilon^3)\} \quad \cdots\cdots\cdots\cdots\cdots\cdots\cdots\cdots\cdots\cdots (2\text{-}27)$$

と表されるので，界面厚さδ_i内でのγの変化は小さく，γ_sとほとんど変わらないとしてよい．

なお，表面が曲面の場合の取り扱いの詳細は，文献5) およびその内容の重要部分をより易しく解説した，文献3) を参照されたい．

iii) 表面張力と曲率半径

2-2-2 の ii) において，界面の曲率半径が界面厚さ付近の大きさになると，表面張力は分割面の位置によって変化することを述べた．それでは，曲率半径自体が変化した場合の表面張力はどのようになるのであろうか．実用上興味深いと考えられる張力面での表面張力について考えてみよう*．

後述するように，張力面では曲率半径が非常に小さい場合にも，ラプラス (Laplace) の式 (2-28)（球の場合）が成立つ．

$$p^\alpha - p^\beta = \frac{2\gamma_s}{r_s} \quad \cdots\cdots\cdots\cdots\cdots\cdots\cdots\cdots\cdots\cdots (2\text{-}28)$$

γ_s は張力面の半径 r_s での表面張力である．平衡状態では

$$\mu^\alpha = \mu^\beta = \mu^s \quad \cdots\cdots\cdots\cdots\cdots\cdots\cdots\cdots\cdots\cdots\cdots\cdots (2\text{-}29)$$

---

*ここでは純成分系（例えばi成分）を考えるので，μ, v, Γ, s 等の諸量の添字 i は省略する．以後も同様の表記とする．

この場合の μ^s は界面での化学ポテンシャル（絶対値）で，過剰量ではない．可逆的な微小変化 δ^* を考えた場合，式(2-28)，式(2-29) はそれぞれ式(2-30)，式(2-31) となる．

$$\delta p^\alpha - \delta p^\beta = \delta\left(\frac{2\gamma_s}{r_s}\right) \quad\cdots\cdots\cdots (2\text{-}30)$$

$$\delta\mu^\alpha = \delta\mu^\beta \quad\cdots\cdots\cdots (2\text{-}31)$$

一方 α, β 各相のギブズ-デュエム (Gibbs-Duhem) の式は，よく知られているように，式(2-32)で与えられる．

$$s^\alpha \delta T - v^\alpha \delta p^\alpha + \delta\mu^\alpha = 0$$

$$s^\beta \delta T - v^\beta \delta p^\beta + \delta\mu^\beta = 0 \quad\cdots\cdots\cdots (2\text{-}32)$$

ここで v^α, v^β はそれぞれ α, β 相のモル体積である．温度 T が一定の場合，式(2-31) と式(2-32) より

$$v^\alpha \delta p^\alpha = v^\beta \delta p^\beta \quad\cdots\cdots\cdots (2\text{-}33)$$

上式(2-33) と式(2-30) より

$$\delta\left(\frac{2\gamma_s}{r_s}\right) = \frac{v^\beta - v^\alpha}{v^\alpha} \delta p^\beta \quad\cdots\cdots\cdots (2\text{-}34)$$

$$\delta\left(\frac{2\gamma_s}{r_s}\right) = \frac{v^\beta - v^\alpha}{v^\beta} \delta p^\alpha \quad\cdots\cdots\cdots (2\text{-}35)$$

上式(2-35) の左辺を変形すれば

---

*δ は後ほど δ 相の意味でも用いられるので，注意されたい．

$$\frac{2}{r_s}\delta\gamma_s + 2\gamma_s \delta\left(\frac{1}{r_s}\right) = \frac{v^\beta - v^\alpha}{v^\beta}\delta p^\alpha \quad \cdots\cdots (2\text{-}36)$$

界面を含むギブズ－デュエムの式は後述（式(2-72)参照）のように

$$\delta\gamma_s = -s^s \delta T - \Gamma\delta\mu \quad \cdots\cdots (2\text{-}37)$$

温度一定の場合

$$\delta\gamma_s = -\Gamma\delta\mu \quad \cdots\cdots (2\text{-}38)$$

Γ は張力面での純成分の過剰量である．$(\partial\mu/\partial p)_T = v$ より，$\delta\mu = v^\alpha \delta p^\alpha$ であるので，この関係を式(2-38)に代入して，式(2-36)の δp を消去する．さらに $c^\alpha = 1/v^\alpha$，$c^\beta = 1/v^\beta$ の関係を用いて式(2-36)を整理すると

$$\frac{\delta\gamma_s}{\gamma_s} = \frac{2\Gamma}{\dfrac{2\Gamma}{r_s} + c^\alpha - c^\beta}\delta\left(\frac{1}{r_s}\right) \quad \cdots\cdots (2\text{-}39)$$

β相を気相，α相を液相（非圧縮液体）とすれば，$c^\alpha \gg c^\beta$ で，$c^\alpha = 1/v^\alpha$ は一定とみなせるので，式(2-39)を積分すると式(2-40)が得られる．

$$\frac{\gamma_s}{\gamma_\infty} = \frac{c^\alpha}{\dfrac{2\Gamma}{r_s} + c^\alpha} = \frac{1}{2\dfrac{\Gamma}{c^\alpha}\cdot\dfrac{1}{r_s} + 1} \quad \cdots\cdots (2\text{-}40)$$

張力面とゼロ吸着面の距離を $\lambda_\circ$ とすれば（図2.1で $\lambda = \lambda_\circ$ とした場合を考える）

$$\lambda_\circ(c^\alpha - c^\beta) = \lambda_\circ c^\alpha = \Gamma \quad \cdots\cdots (2\text{-}41)$$

$\lambda_\circ$ を用いて式(2-40)を書き表せば

$$\frac{\gamma_s}{\gamma_\infty} = \frac{1}{\dfrac{2\lambda_\circ}{r_s}+1} \quad\cdots\cdots\cdots\cdots\cdots\cdots\cdots\cdots\cdots\cdots\cdots\cdots\cdots (2\text{-}42)$$

上式はトルマン (Tolman) の式として知られている．

水の場合，$\lambda_\circ \fallingdotseq 0.1\text{nm}$ と見積られるので，$\lambda_\circ/r_s = 0.01$，すなわち $r_s = 10\text{nm}$ では 0.98 程度の変化が，また $\lambda_\circ/r_s = 0.1$，すなわち $r_s = 1\text{nm}$ では，$\gamma_s/\gamma_\infty \fallingdotseq 0.83$ 程度の変化になる．しかし，半径が 10nm 以下の液滴に，従来のマクロの熱力学，例えば古典的核生成理論等が適用できるかどうかについては，よく考えなければならないところである．

上記の結果より，核生成の初期の，例えば臨界核半径がナノメーターオーダーの場合，あるいは最近のナノテクノロジーが取り扱う範囲の大きさの物質，例えば液滴や気泡を問題にする場合には，表面張力の半径依存性を考慮に入れなければならないことがわかる．

iv) 表面張力と結合エネルギー

純成分液体の表面張力は，**2-2-2** の i) で述べたように，内部エネルギー項 u^s とエントロピー項 Ts^s より成る．それゆえ，単純に，表面張力が結合エネルギーに等しいとは言えない．したがって，表面張力と結合エネルギーとの対応関係の解釈には，エントロピー項の寄与を考慮しなければならない．エントロピー項の見積りは，一般に，内部エネルギー項のそれより難しい．エントロピー項の寄与を避ける方法としては，近似ではあるが，次の例が一つの参考になるであろう．
式 (2-13), (2-14) より

$$\gamma = u^s - Ts^s \quad\cdots\cdots\cdots\cdots\cdots\cdots\cdots\cdots\cdots\cdots\cdots\cdots\cdots (2\text{-}43)$$

$T \to 0$ では $\gamma = u^s$ となる．u^s の見積りには測定の容易な蒸発のエンタ

ルピー ΔH_{vap} を用いればよい．すなわち

$$\Delta H_{vap} = \Delta U_{vap} + P\Delta V_{vap} = \Delta U_{vap} + \Delta n_{vap} RT \quad \cdots\cdots (2\text{-}44)$$

ここで，ΔU_{vap} は蒸発（内部）エネルギー，ΔV_{vap} は蒸発した成分の体積，Δn_{vap} は蒸発した成分のモル数，R は気体定数である．$T \to 0$ では，$\Delta H_{vap} = \Delta U_{vap}$ となる．液相中原子の平均の最隣接原子数を Z，表面での最隣接原子数を Z^s とすれば，$(Z-Z^s)/Z \times \Delta h_{vap}$ は表面での過剰の内部エネルギー u^s に等しいと考えることができる．ただし，$\Delta H_{vap}/\Delta n_{vap} = \Delta h_{vap}$．

純成分1モルあたりの表面積を A_{mol} とすれば，A_{mol} あたりの表面張力 γ_{mol} は $A_{mol}\gamma$ に等しい．それゆえ

$$\gamma_{mol} = \frac{Z-Z^s}{Z}\Delta h_{vap} \quad \cdots\cdots\cdots\cdots\cdots\cdots\cdots (2\text{-}45)$$

液体の構造を面心立方と仮定した場合，$Z = 12$，$Z^s = 9$ であるので

$$\gamma_{mol} = \frac{1}{4}\Delta h_{vap} \quad \cdots\cdots\cdots\cdots\cdots\cdots\cdots\cdots\cdots (2\text{-}46)$$

図2.4[6)] は各種純金属液体 i の測定値 $\gamma_{i,mol}$ と $\Delta h_{i,vap}$ を $T \to 0$ に外挿して $\gamma_{i,mol,0}$ と $\Delta h_{i,vap,0}$ を求め，プロットしたものである．両者の関係は，図2.4より，式(2-46)すなわち1/4の勾配の直線より少し下に偏倚しているものの，およそ1/4の勾配の直線関係に近い結果となっている[*]．

---

[*]図2.4においては，γ_{mol}，Δh_{vap} 自身の誤差とともに，それらを $T \to 0$ に外挿することによる誤差があり，勾配にはこれらの誤差が含まれていることに留意すべきである．**2-2-2** の iv) の考察をもとにすれば，表面張力と結合エネルギーの関係については，別のアプローチも可能になる．その結果を後述の **3-2-1** に示す．

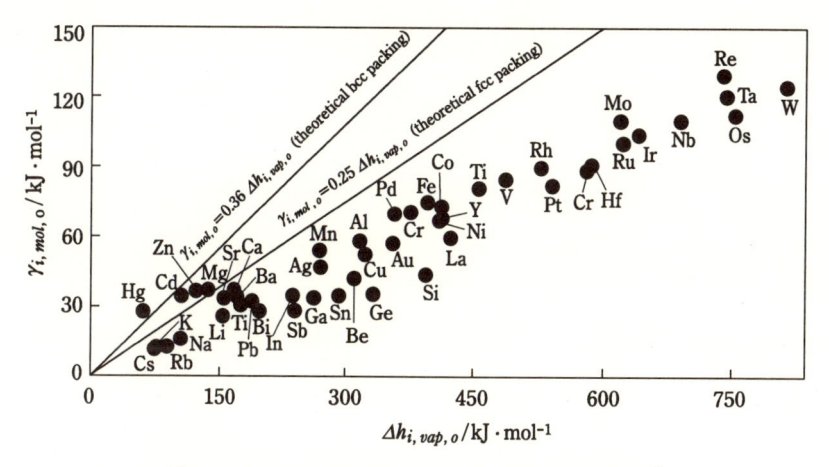

図 2.4 $T \to 0$ における $\gamma_{i,mol}$ と $\Delta h_{i,vap}$ との関係[6]
添字 0 は $T \to 0$ における値を示す.

v) 表面張力と温度

純成分液体の場合, 式 (2-43) が成立つので, 両辺を温度 T で偏微分すれば

$$\left(\frac{\partial \gamma}{\partial T}\right) = \left(\frac{\partial f^s}{\partial T}\right) = -s^s \quad \cdots\cdots (2\text{-}47)$$

すなわち, 表面張力の温度係数は, 表面の過剰のエントロピー s^s にマイナスをかけた値に等しい. 一般に純成分液体の表面張力の温度係数は負の値であるので, $s^s > 0$ になり, 表面でのエントロピーは巨容相中より大きい. すなわち, 乱れが大きいということができる.

表面張力と温度との関係は, 実験式としていくつか提唱されている. エトヴェシュ (Eötvös) は 1886 年に式 (2-48) を提唱した.

$$\gamma = \frac{k}{v^{1\,2/3}}(T_c - T) \quad \cdots\cdots (2\text{-}48)$$

v^l は1モルあたりの液体の体積,すなわちモル体積,T_c は臨界温度である.k はほとんどの液体において,同じ値の約 2.1×10^{-7} J/deg をとる.式 (2-48) は臨界温度近くではあまりよく合わない欠点があり,この点を改良したものとして,片山-グッゲンハイムの式 (2-49) が知られている.

$$\gamma = \gamma_\circ \left(1 - \frac{T}{T_c}\right)^{11/9} \quad \cdots\cdots\cdots (2\text{-}49)$$

$\gamma_\circ$ は液体により決まる定数である.式 (2-49) は,ネオン,アルゴン,チッ素,酸素などの比較的単純な液体において,実験結果とよく一致する.

vi) 表面張力と表面応力

2-2-2 の i),ii),iii),iv),v) において,表面張力の熱力学的側面を述べてきたが,表面張力には,後に 2-3 で述べるように,その名の示すとおり,張力としての力学的側面がある.力としての表面張力を考えた場合,液相/気相および液相/液相間界面張力においては,次に述べるように,表面張力と表面応力は等しいとしてよいが,液相/固相間界面等,固相を含む界面では,応力の関与を考慮しなければならない.そこで,表面張力と表面応力との関係を整理しておくことにしよう.

一般に表面を拡げるための力または仕事としては,二つの異なった量が定義できる.その一つは表面の歪みの状態を変えることなしに表面を拡げる方法,すなわちそれまでに存在している表面と同じ状態にある表面を新しく作って (forming) 表面を拡げる方法である.この場合には表面積の増加に比例して表面に存在する原子の数は増加する.

2-2-2 の i) ですでに述べたように，等温，等圧のもとで，このような方法で表面を δA だけ可逆的に拡げるのに要する仕事 δW は，$\delta W = \gamma \delta A$ であり，γ は表面張力である．すなわち表面張力 γ は表面を単位面積だけ増加させるのに必要な仕事である．

もう一つの異なった表面の拡げ方は，表面の歪みの状態を変えて表面を拡げる方法，すなわち表面の原子間距離を伸ばして (stretching) 表面積を拡げる方法である．この場合には表面にある原子の数は増加しない．このような方法で表面を拡げるのに要する可逆仕事 δW は次式のように表され，ζ を表面応力という．

$$\delta W = \zeta \delta A \quad \cdots\cdots\cdots\cdots\cdots\cdots\cdots (2\text{-}50)$$

表面応力 ζ は表面を弾性的に拡げようとする時，それに対応する表面の機械的な抵抗であり，単位長さあたりの力という次元を持っている．

液体の場合にも弾性的に表面を拡げるに要する力として表面応力が定義されるが，この場合には分子の移動度が大きいため表面張力と表面応力の差がなくなる．液体表面を stretch しようとすると表面の分子密度が低下し，ただちに内部から分子が移動してきて前と同じ表面状態に戻ってしまう．したがって1成分系の液体については，表面張力 γ と表面応力 ζ は数値的に等しい．

後述のラプラスの式，ケルヴィン (Kelvin) の式等では力学的釣り合い，あるいは圧力による化学ポテンシャルの変化が関与するので，固相を含む界面を取り扱う場合には，厳密には表面応力を用いなければならない．

次に，このように定義された表面張力と表面応力との関係を定量的に考察してみよう．表面積 A の中に存在する原子数を N とすると，

1原子の占める面積 a は $a=A/N$, 1原子あたりの表面自由エネルギーを ϕ とすると, 表面張力 γ は $\gamma=\phi/a$ で表される. ここで平滑な表面をもった均質な物質を温度, 圧力, 総原子数一定の条件のもとで均一に伸ばすことを考える. これにより表面は $A+\delta A$ となり, 表面に存在する原子の数は $N+\delta N$ になったとする. これに要した仕事 δW は "effective" な表面応力 ζ' にうちかって表面を拡げるのに使われ, 表面に貯えられる. この場合の表面積の増加は一般に表面原子数 N の増加と1個の原子の占める面積 a の増加の両方によっておこっている. したがって, この ζ' は γ または ζ と等しくなく, その中間の値をとるであろう. この時の仕事 δW は次のように表される.

$$\delta W = \zeta' \delta A = \delta(\phi, N) = \phi \frac{\partial N}{\partial A}\delta A + N\frac{\partial \phi}{\partial A}\delta A$$
$$\zeta' = \phi\frac{\partial N}{\partial A} + N\frac{\partial \phi}{\partial A} \quad \cdots\cdots(2\text{-}51)$$

液体のように原子の移動度が非常に大きく完全に塑性変形する場合には, 表面を伸ばしたとき表面はただちに前と同じ状態にもどってしまう. すなわち, 表面原子の状態は変形により変化しない. このときには, $(\partial\phi/\partial A)_a = 0$, また, a = const. では, $(\partial N/\partial A)_a = 1/a$ となるから

$$\zeta' = \phi\left(\frac{\partial N}{\partial A}\right)_a = \frac{\phi}{a} = \gamma \quad \cdots\cdots\cdots\cdots\cdots\cdots(2\text{-}52)$$

すなわち, この場合には "effective" な表面応力 ζ' は表面張力 γ を N/m で表したものに等しい.

もう一つの極端な場合, すなわち完全に弾性的な変形をする場合を

考えてみよう．この場合には N = const.，したがって $\partial N/\partial A = 0$ となり，式(2-51)の右辺第1項は消える．また $\delta A = N\delta a_\circ$，$a_\circ$ は安定な状態における原子面積．したがって

$$\zeta' = \left(\frac{N\partial\phi}{\partial A}\right)_N = \left(\frac{N\partial\phi}{N\partial a}\right)_N = \left(\frac{\partial\phi}{\partial a}\right)_N = \zeta \quad\cdots\cdots\cdots\cdots (2\text{-}53)$$

ここで，$\phi = \gamma a$ であるから，これを代入すると

$$\zeta' = \left(\frac{\partial(\gamma a)}{\partial A}\right)_N = \gamma + \left(\frac{a\partial\gamma}{\partial a}\right)_N = \gamma + \left(\frac{\partial\gamma}{\partial\varepsilon}\right)_N = \zeta \quad\cdots\cdots (2\text{-}54)$$

ここで，$\partial\varepsilon(=\partial a/a)$ は弾性的な歪みである．この場合の ζ' は最初に述べた表面応力 ζ に等しいが，それは表面張力 γ と式(2-54)のような関係にある．また式(2-53)からわかるように，表面応力 ζ は表面自由エネルギーの原子面積（原子間距離と考えることができる）に対する勾配である．

液体の場合には，$\phi = \gamma a$ で，γ = const. であるから，$\partial\phi/\partial a = \gamma = \zeta$ となるが，結晶質固体の場合には表面も内部から連続した規則的な原子配列をもっているため，表面に応力が存在する．たとえば表面の1原子層だけを固体から切り離して真空中に置いた場合，内部原子からの力が作用しないため，安定な状態における原子面積 $a_\circ$ は a と異なる．この原子層を固体表面にもどした時，固体内部との連続した原子配列を保つため，$a_\circ > a$ の場合には圧縮応力，$a_\circ < a$ の場合には引張り応力を加えなければならない．これに対応して結晶内部には，不均一に分布した引張り応力または圧縮応力を生ずる．もし表面に圧縮応力が存在すると a が増加することにより表面自由エネルギー ϕ は減少し，安定化するであろうから，式(2-53)からわかるように，ζ は負となる．

また逆に引張り応力が存在する場合にはζは正となる.

2-2-2 の vi) の詳細については,文献 7), 8) を参照されたい.

2-3 界面の力学的取り扱い
2-3-1 表面張力の力学的解釈

表面張力の存在とその力学的意味を理解するための説明の例として,図 2.5 のモデルがよく用いられる.すなわちコの字型の枠に液膜が張られていて,その一部は,枠との摩擦がない状態で左右に移動できる細線 AB で保持されている.観察によればこの細線は,放っておけば自然に左側に動いてゆく.右側に力 F_γ, すなわち

$$F_\gamma = 2\gamma^l l \quad\quad\quad\quad\quad\quad\quad\quad\quad (2\text{-}55)$$

で引張って,はじめてこの細線は静止する.lはコの字型枠の幅であり,γ^lは膜の表面の単位長さあたりに働く力,すなわち表面張力である.この場合,膜の表裏の両面で表面張力は作用すると考えなければならないので,式 (2-55) の右辺には 2 が掛けてある.液体の表面は等方的であるので,液体の表面張力 γ^l は表面の単位長さあたりに働いている等方的な力とみなすことができる.

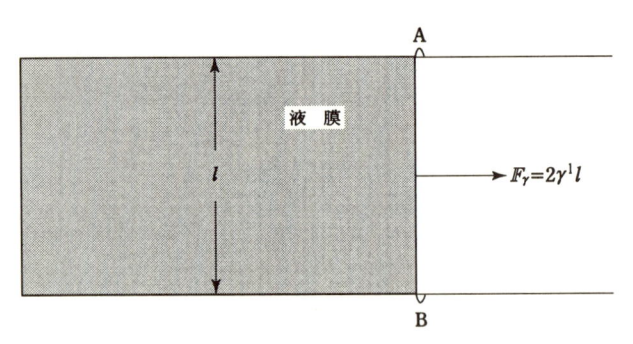

図 2.5 液膜の表面張力に基づく力

ここで上記の表面張力の力学的描像をもう少し詳しく考察し，定義してみよう．一般に液体中の圧力はテンソルで表される．静止液体（巨容相）中では，圧力は等方的であり，考えるすべての面に対して垂直であり，その値はpに等しい．このことは，圧力を$p_{xx}, p_{yy}, p_{zz}, p_{xy}, p_{yz}, p_{zx}$という対称テンソルで表せば，$p_{xx}=p_{yy}=p_{zz}=p$, $p_{xy}=p_{yz}=p_{zx}=0$として記述できる．

ところで2相の境界すなわち界面では，表面張力の存在により，上記の圧力テンソルが等方的でなくなる．

平面の界面に対して，z軸を垂直にとれば*，界面の対称性から，p_{xy}, p_{yz}, p_{zx}は零になり，かつ$p_{xx}=p_{yy}$であり，p_{zz}だけが値が異なると考えられる．p_{xx}, p_{yy}はzの関数になるはずであるから

$$p_{xx}=p_{yy}=p_T(z), \quad p_{zz}=p_N(z)=p \quad \cdots\cdots\cdots\cdots (2\text{-}56)$$

液体は静止状態すなわち平衡にあると考えているから，式(2-56)の右側の関係式，すなわち$p_N(z)$はzに関係なく一定の値pに等しいはずである．なお，$p_N(z)$は界面の法線方向，すなわち垂直方向を意味し，これを法線圧力とよぶ．一方，$p_T(z)$を接線圧力とよび，平面の界面では，この界面に平行な平面内で作用している．

以上の準備をもとにして，図2.6に示す，yz平面に平行な面を考えてみよう．すなわち横幅が単位長さ，縦上下の長さがlすなわち，$l/2$から$-l/2$までの長さの面である．なおlの幅は界面厚さより大きいものとする．この面（すなわち，この紙面）に垂直方向（x軸に平行）に作用する力$F_{\gamma,x}$は，それゆえ

―――――――――――――――――――――――

*図2.1，図2.11（後述）では，便宜的にx軸を界面に対して垂直にとっているので注意されたい．

$$F_{\gamma,x} = -\int_{-l/2}^{l/2} p_T(z)\,dz \quad \cdots\cdots (2\text{-}57)$$

ここで図 2.6 の x 軸を，紙面に垂直な手前側を正にとるものとする．もし表面張力が存在しないとすれば，x 軸の正の側から作用する力は $-pl$ に等しくなるから，表面張力の存在により生じる力は，式 (2-57) と $-pl$ との差，すなわち

$$\gamma = -\int_{-l/2}^{l/2} p_T(z)\,dz - (-pl) = \int_{-l/2}^{l/2} (p - p_T(z))\,dz \quad \cdots\cdots (2\text{-}58)$$

となる．上記の考察の過程で明らかなように，γ は界面厚さ内にあり，界面の単位長さの線（図 2.6 の横幅）に，式 (2-58) で定義される表面張力 γ が作用していると解釈することができる．l は界面厚さより大きくとったので，それ以上の大きさ，例えば積分の上下区間を ∞ にとっても結果は同じになる．そこで式 (2-58) は次式のようにも表すことができる．

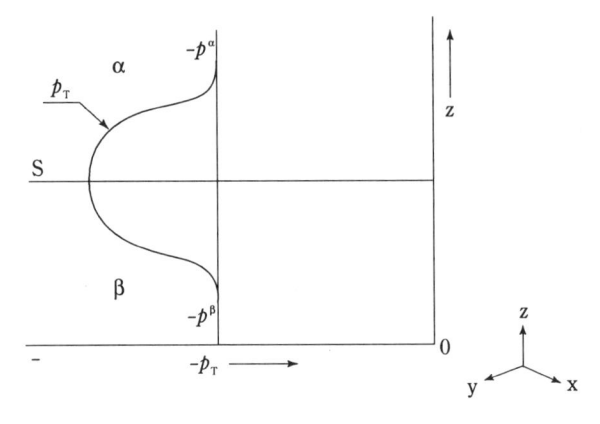

図 2.6 表面に平行な平面上の圧力（接線圧力）の垂直方向（z 軸）の変化

$$\gamma = \int_{-\infty}^{\infty} (p - p_\mathrm{T}(z))\mathrm{d}z \quad \cdots\cdots\cdots\cdots\cdots\cdots\cdots\cdots\cdots (2\text{-}59)$$

式 (2-56) より，$p = p_\mathrm{N}$ であるので，上式 (2-59) は次式 (2-60) の形でも表される．

$$\gamma = \int_{-\infty}^{\infty} (p_\mathrm{N} - p_\mathrm{T}(z))\mathrm{d}z \quad \cdots\cdots\cdots\cdots\cdots\cdots\cdots (2\text{-}60)$$

式 (2-60) をバッカー (G. Bakker) の式という．

　近年，分子動力学の分野が，コンピュータの進展とともに大きな進歩を遂げつつある．液体の表面の記述に，この分子動力学的アプローチも適用されてきているので，$p_\mathrm{T}(z)$ を分子動力学により正確に記述できるようになれば，この方面からの表面張力の理論的計算の進展およびそれに伴う表面張力自体の解明の進むことが期待される．

2-3-2　ラプラスの式

　表面張力あるいは液/液間界面張力の力学的イメージを，**2-3-1** の記述をもとに整理すれば，次のように描くことができよう．すなわち，表面はマクロ的には厚さのない膜で仕切られており，その表面には表面に沿って（平行に）等方的な単位長さあたりの力が働いている．この表面張力の力学的作用によって後述する様々な表（界）面現象が生じることになる．このような力学的作用に基づく界面現象を記述し，理解するためのもととなる式がラプラスの式である．

　まず手始めに，図 2.7 に示すように，気泡の一部が固体平面に付着して力学的につりあっている状態を考えてみよう．この場合，重力は無視するものとし，気泡の表面は球面の一部であるとする．気泡内を

α相，まわりの液相をβ相とし，それぞれの圧力をp^α, p^βとする．表面のδAの部分に垂直に働く力は$(p^\alpha - p^\beta)\delta A$であり，その力のz軸すなわちCz方向の成分は$(p^\alpha - p^\beta)\cos\theta \cdot \delta A$である．簡単な幾何学的考察より，$\delta A\cos\theta = \delta A'$であることがわかる．ここで$A'$は$A$を固体面へ投影した面積である．それゆえ，この気泡（半径r）の全面に働く力のz成分は$(p^\alpha - p^\beta)\delta A'$を足しあわせたものとなる．パスカルの原理より，$p^\alpha$, p^βは一定であるので，$\delta A'$だけを足しあわせればよく，$\delta A'$の総計A'は，$A' = \pi d^2$となる．一方，固体と気泡が接触している境界，すなわち気/液/固の3相境界では，その境界線に垂直に，かつ気泡の表面に沿って単位長さあたりγ^lの表面張力が作用している．δlの長さの境界に作用する力は$\gamma^l \delta l$であるので，z軸方向への力は$-\gamma^l \cos\theta' \times \delta l$となる．この場合，表面張力はz軸の正方向とは逆の方向に作用しているので負となる．境界線の長さは$2\pi d$で，しかも境界線には等しく表面張力γ^lが働いているので，z軸方向に働く表面張力に起因する力の総計は$-\gamma^l \cos\theta' \cdot 2\pi d$となる．$\cos\theta' = d/r$ゆえ，$|-\gamma^l \cos\theta' \cdot 2\pi d| = 2\gamma^l/r \cdot \pi d^2$となる．そして，圧力差$p^\alpha - p^\beta$に基づく

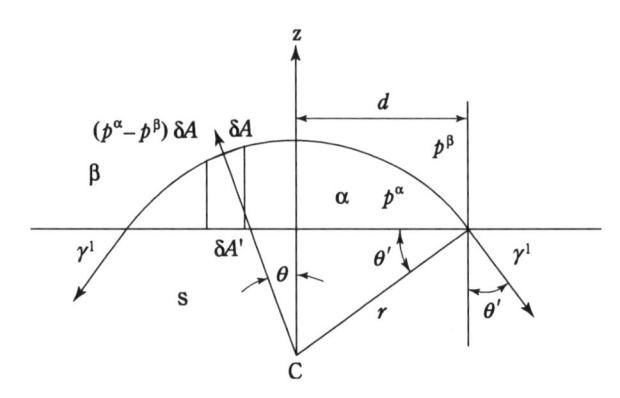

図2.7　無重力下で気泡の一部（レンズ状）が固体平面に付着している場合の力学的釣合

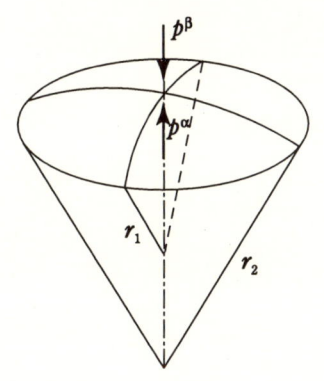

図 2.8 主曲率半径 r_1, r_2 の界面の内外の圧力 p^α と p^β

力と，表面張力に基づく力がつりあって静止しているのであるから

$$(p^\alpha - p^\beta)\pi d^2 - \frac{2\gamma^1}{r}\pi d^2 = 0$$

ゆえに

$$p^\alpha - p^\beta = \frac{2\gamma}{r} \quad \cdots\cdots\cdots\cdots\cdots\cdots\cdots\cdots\cdots (2\text{-}28)$$

これが界面が球面の場合のラプラスの式である*．

界面が球面でないとき，この式は一般化されて式(2-61)となる．

$$p^\alpha - p^\beta = \gamma\left(\frac{1}{r_1} + \frac{1}{r_2}\right) \quad \cdots\cdots\cdots\cdots\cdots\cdots (2\text{-}61)$$

ここで，r_1 と r_2 は曲面の主曲率半径である（図 2.8 参照）．

ラプラスの式は，熱力学の理論からも導くことができる．式(2-61)の導出過程は省略するが，詳しくは，関係の文献[2]にあたっていただきたい．

---

*式(2-28)，式(2-61)は，液/液界面等，気/液界面以外でも一般的に成立つので，単に γ と記することにする．

2-3-3 マランゴニ効果

これまでは，熱力学的平衡状態にある系が力学的に静的な平衡状態が保たれている場合を取り扱ってきた．しかし，もし系が熱力学的に非平衡な状態にあるとした場合，この系の力学的取り扱いはどのようになるのであろう．

表面張力，界面張力は，系の温度，組成，場合によっては界面に印加される電位によって変化する．それゆえ，上記の要因の変化によって，液相表面あるいは液相/液相界面の表面張力あるいは界面張力に局所的変化が生じると，その差に相当する接線力の作用のため，液相の運動に変化が生じる（図2.9参照）．このような場合の表（界）面張力の局所的変化をマランゴニ効果と呼んでいる．より一般的には，「流体力学において動力学的な面に関与する表（界）面張力の局所的な変化」[9]を，それぞれの具体的な場合に対応させて，マランゴニ効果と呼んでいる．

表（界）面張力 γ の局所的変化は温度 T，界面活性な溶質の濃度 c などの局所的変化，場合によっては電気化学的要因によって生じる．

よく知られている身近な現象の一つに「ワインの涙」がある．グラスにアルコール度の強いワインを注ぐと，内壁に沿ってワインがはい上がり，そこに液滴の列があらわれる．「ワインの涙」として知られる

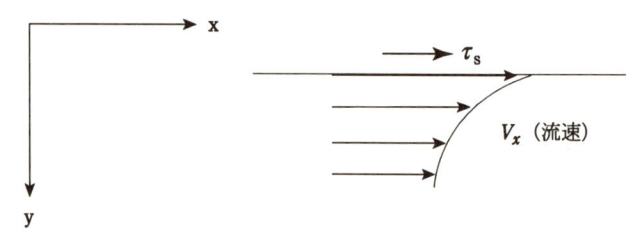

図 2.9 x軸方向の表面張力勾配 $d\gamma/dx$ による表面せん断応力 τ_s によって引き起される液体の運動

この現象は 1855 年，イギリスのトムソン (J.Thomson)[10] によってはじめて，局所的な表面張力差が駆動力となって生じるものであるとの説明が与えられた．

すなわち「ワインの涙」は，濃度差に起因するマランゴニ効果によって誘起されるものであり，内壁面の液膜のアルコールが蒸発して表面張力が増大する結果，マランゴニ効果により下部のワインが重力に逆らってひきあげられるからである．トムソンの説明は基本的には正しかったのであるが，なぜか忘れ去られ，今では 16 年後の 1871 年の論文[11] で優先権を主張したイタリーの物理学者マランゴニ (Marangoni) の名が冠せられている．

界面の x 方向に沿って温度勾配，濃度勾配，あるいは電気毛管現象の存在する系では，電位 ψ の勾配がある場合，表(界)面張力勾配による表(界)面せん断応力 τ_s は次式で示される．

$$\tau_s = \frac{d\gamma}{dx} = \frac{\partial \gamma}{\partial T}\cdot\frac{dT}{dx} + \frac{\partial \gamma}{\partial c}\cdot\frac{dc}{dx} + \frac{\partial \gamma}{\partial \psi}\cdot\frac{d\psi}{dx} \quad\cdots\cdots\cdots\cdots (2\text{-}62)$$

このせん断応力によって発生する液体の流れは，ナヴィエ-ストークス (Navier-Stokes) の運動方程式と熱伝導の式あるいは拡散方程式とを，表(界)面接線力を与える境界条件のもとで解くことにより求められる．

マランゴニ効果によって発生する流れ，すなわちマランゴニ流 (Marangoni flow) を特徴づける無次元数として，マランゴニ数 Ma が用いられる．温度差(または温度勾配)に起因する表(界)面張力差(または表(界)面張力勾配)によって生じるマランゴニ対流 (Marangoni convection) は，液体の機械的な運動である流動に伴って伝達される熱量と，熱輸送現象である熱伝導によって伝達される熱量の比として

$$Ma = \frac{\partial \gamma}{\partial T} \cdot \Delta T \cdot \frac{L}{a\eta} \quad \cdots\cdots\cdots\cdots\cdots\cdots\cdots\cdots\cdots\cdots\cdots\cdots \text{(2-63)}$$

によって特徴づけられる．ΔT は温度差，L は代表長さ，a は熱拡散率 (thermal diffusivity)，η は粘度である．Ma はまた，系が自発的にマランゴニ対流を生じる傾向を示す値でもある．濃度差に起因する表（界）面張力差によって生じるマランゴニ流についても，同様に次式によって Ma が表される．

$$Ma = \frac{\partial \gamma}{\partial c} \cdot \Delta c \cdot \frac{L}{D\eta} \quad \cdots\cdots\cdots\cdots\cdots\cdots\cdots\cdots\cdots\cdots\cdots\cdots \text{(2-64)}$$

Δc は濃度差，D は拡散係数である．

マランゴニ流のなかで，特徴的なものとして表（界）面撹乱を挙げることができる．よく知られた例は水溶液表面から表面活性成分のエーテルが蒸発する場合である．図2.10[12)]に示すように，表面近くの気流にうずなどの乱れBが生じると，巨容相からB'へのエーテルの拡散による供給速度は，表面流動によるB'への供給速度およびB'からの蒸発速度に比べて著しく小さいので，水溶液表面にエーテルの濃度差が生じる．そして，濃度の低くなった部分B'が，濃度の高い部分A'

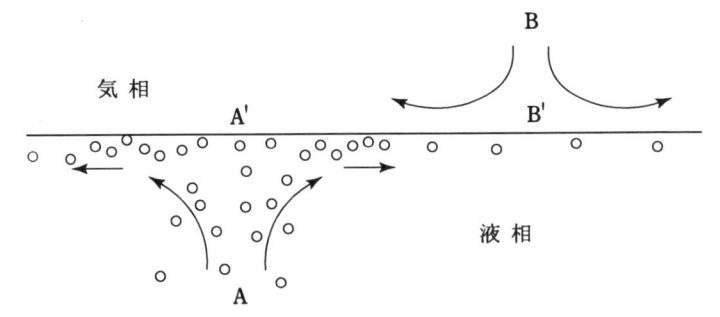

図2.10 マランゴニ効果による界面撹乱発生のメカニズム[12)]

を引っぱり，A'の部分が拡がりはじめる．その結果，A'表面には巨容相中のエーテル濃度の高い溶液が補給されてさらに表面張力が低くなり，拡がりの運動が促進されて，うずAが発生するようになる．すなわち表面撹乱の発生である*．

このようなマランゴニ効果に基づく系の不安定性を，Sternlingら[14]は線形理論により解析した．しかし彼らのアプローチでもってしては，実験結果を十分に説明することはできない．この種の不安定性の問題は，本質的には非線形不安定系として取り扱われるべきものであるが，この分野は現在，物理学の最先端領域に属しており，不安定性の解明にはなお，今後の進展を待たねばならない．

2-4 平衡状態の界面現象

前節までの「界面の取り扱いの基礎」をもとにして，ここでは静的界面現象を取り上げ，理解を深めていこう．ここでいう静的界面現象とは，熱力学的平衡状態あるいは，力学的に静的釣合いが保たれている場合の界面現象という意味である．

2-4-1 吸着

すでに述べたように，表面には過剰のヘルムホルツエネルギー f^s が存在し，2成分以上の溶液系では，巨容相と表面で構成成分の濃度分布が異なる現象が現れる．このような表面と巨容相との成分濃度の差を一般に吸着と呼び，ある成分が表面に過剰に存在する場合を正吸着，不足する場合を負吸着と呼んでいる．吸着現象は系の平衡，非平衡の状態にかかわらず生起するものと考えられるが，定量的取り扱いとな

---

*一方，わき出し点から遠ざかるにつれて，界面に表面活性剤が吸着等により濃化される場合には，界面の流動は妨害される[13]．

ると，次に述べる平衡状態でのギブズの吸着式に基づく方法が，現在でもほとんど唯一の有用なものとして用いられている．

i）ギブズの吸着式

均一開放系の内部エネルギーに関する基本式は

$$dU = TdS - pdV + \sum_{i=1}^{r} \mu_i dn_i \quad \cdots\cdots (2\text{-}65)$$

これまでの考察により，表面では $-PdV$ が γdA に置き換わる．また，平衡状態では $\mu_i^\alpha = \mu_i^\beta = \mu_i^s$（式(2-17)）であるので

$$dU^s = TdS^s + \gamma dA + \sum_{i=1}^{r} \mu_i dn_i^s \quad \cdots\cdots (2\text{-}66)$$

また，$dF^s = -S^s dT + \gamma dA$ $\quad\cdots\cdots (2\text{-}12)$

との対応から

$$G^s = U^s - TS^s - \gamma A \quad \cdots\cdots (2\text{-}67)$$

と定義できるので，dG^s は

$$\begin{aligned} dG^s &= dU^s - TdS^s - S^s dT - \gamma dA - Ad\gamma \\ &= -S^s dT + \sum_{i=1}^{r} \mu_i dn_i^s - Ad\gamma \end{aligned} \quad \cdots\cdots (2\text{-}68)$$

G^s は示量性の変数であり，T および γ が一定のもとでは，G^s が n_i^s の一次の同次関数で与えられることが，実験的に見出されている．すなわち

$$G^s = \sum_{i=1}^{r} \mu_i n_i^s \quad \cdots\cdots\cdots\cdots\cdots\cdots\cdots\cdots (2\text{-}69)$$

ゆえに

$$dG^s = \sum_{i=1}^{r} (\mu_i dn_i^s + n_i^s d\mu_i) \quad \cdots\cdots\cdots\cdots\cdots\cdots (2\text{-}70)$$

式 (2-68) と式 (2-70) は等しいので

$$S^s dT + \sum_{i=1}^{r} n_i^s d\mu_i + A d\gamma = 0 \quad \cdots\cdots\cdots\cdots\cdots (2\text{-}71)$$

式 (2-71) の両辺を A で割れば

$$s^s dT + \sum_{i=1}^{r} \Gamma_i d\mu_i + d\gamma = 0 \quad \cdots\cdots\cdots\cdots\cdots\cdots (2\text{-}72)$$

この式は，巨容相におけるギブズ－デュエムの式に相当するもので，一般化したギブズの吸着式と呼ばれている．

T 一定のもとでは

$$d\gamma = -\sum_{i=1}^{r} \Gamma_i d\mu_i \quad \cdots\cdots\cdots\cdots\cdots\cdots\cdots\cdots (2\text{-}73)$$

上式を 2 成分系に適用すると

$$d\gamma = -\Gamma_1 d\mu_1 - \Gamma_2 d\mu_2 \quad \cdots\cdots\cdots\cdots\cdots\cdots (2\text{-}74)$$

$\Gamma_1 = 0$ の分割面では

$$d\gamma = -\Gamma_{2(1)} d\mu_2 \quad \cdots\cdots\cdots\cdots\cdots\cdots\cdots\cdots (2\text{-}75)$$

この式はギブズが最初に導いたものであり,いわゆるギブズの吸着式と呼ばれている.$d\mu_2 = RTd\ln a_2$ であるので,式 (2-75) は,次式 (2-76) の形に表されるか,$\Gamma_{2(1)}$ は図 2.11 に示すように,$\Gamma_1 = 0$ の分割面での Γ_2 の値を意味する.

$$\Gamma_{2(1)} = -\left(\frac{\partial \gamma}{d\mu_2}\right)_T = -\frac{a_2}{RT}\left(\frac{\partial \gamma}{\partial a_2}\right)_T \quad \cdots\cdots\cdots\cdots (2\text{-}76)$$

ここで a_2 は成分 2 の活量である.成分 2 の濃度 c_2 が低くて,理想希薄溶液とみなせる場合,式 (2-76) は

$$\Gamma_{2(1)} = -\frac{c_2}{RT}\left(\frac{\partial \gamma}{\partial c_2}\right)_T \quad \cdots\cdots\cdots\cdots\cdots\cdots\cdots\cdots (2\text{-}77)$$

となる.

上式より,$\Gamma_{2(1)}$ は,表面張力と成分 2 の活量あるいは濃度との関係を測定することにより求められる.$\Gamma_{2(1)}$ は界面活性成分の活量(あるいは濃度)が同じ値のところでは,界面活性成分の活量(あるいは

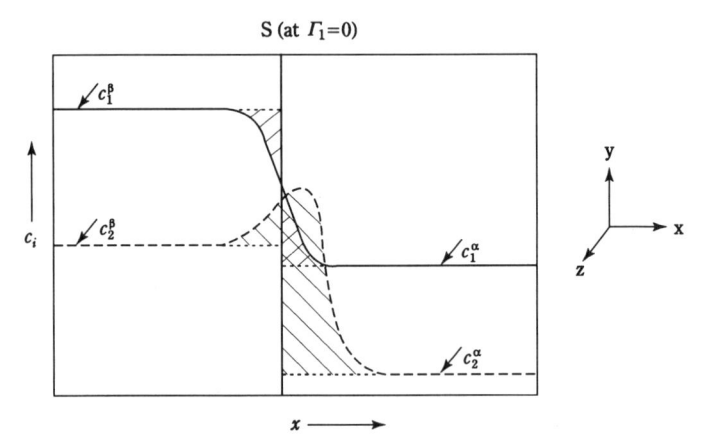

図 2.11 分割面 $\Gamma_1 = 0$ における成分 2 の吸着量

濃度) の増加に対する表面張力の減少割合が大きいほど大きくなる*.

　それでは，吸着が生じている表面を含む系が，熱力学的に平衡状態にある場合の表面と巨容相中との表面活性成分の濃度分布の差はどのように理解すればよいのであろうか．平衡状態にあるので，α, β 相および表面の化学ポテンシャル間には，式(2-17) が成立する．

$$\mu_i^\alpha = \mu_i^s = \mu_i^\beta \cdots\cdots\cdots\cdots\cdots\cdots\cdots\cdots\cdots\cdots\cdots\cdots (2\text{-}17)$$

μ_i^α, μ_i^β はそれぞれ，次のように表される．

$$\mu_i^\alpha = \mu_i^{\alpha,\circ} + RT \ln a_i^\alpha \cdots\cdots\cdots\cdots\cdots\cdots\cdots\cdots (2\text{-}78)$$

$$\mu_i^\beta = \mu_i^{\beta,\circ} + RT \ln a_i^\beta \cdots\cdots\cdots\cdots\cdots\cdots\cdots\cdots\cdots (2\text{-}79)$$

$\mu_i^{\alpha,\circ}$, $\mu_i^{\beta,\circ}$ はそれぞれの相の標準状態における化学ポテンシャルの値である．μ_i^s の標準状態をもし，μ_i^α のそれと同じ $\mu_i^{\alpha,\circ}$ にとれば

$$\mu_i^s = \mu_i^{\alpha,\circ} + RT \ln a_i^s = \mu_i^{\alpha,\circ} + RT \ln(\gamma_i^s \cdot x_i^s) \cdots\cdots (2\text{-}80)$$

ここで γ_i^s は標準状態を $\mu_i^{\alpha,\circ}$ にとり，濃度単位を x_i (モル分率) にとった場合の活量係数である．正吸着の場合，$x_i^s > x_i^\alpha$ であるが，活量の標準状態を同じにとってあるので，$a_i^s = a_i^\alpha$ である．したがって，$\gamma_i^s < \gamma_i^\alpha$ でなければならない．すなわち，吸着が生じている系では，表面と巨容相との成分の活量係数が異なる状態にあると解釈できる．

---

*ギブズの吸着式が成立つことは実験によっても確かめられている[15]．

2-4-2 ぬれ

界面現象としての「ぬれ」は一般に「液相が固相表面に接触して覆う」ことの意味に用いられる．ねれの現象は材料工学を中心とする工学全般に広く関わる重要なものである．ぬれの取り扱いにおいては，①固相が関与することと，②固/液両相の接触に際して多かれ少なかれ，化学反応が生じることのために，未だ十分な系統的記述がなされていない．

そこで，本項では，①固相表面は原子的に滑らかで，かつ均一であり，②固/液界面では界面の生成，消滅のみが生じ，それ以外の反応，例えば化学反応等は生じず，熱力学的に平衡状態にある場合の系を考えることにしよう．

ⅰ）ぬれの分類

界面現象として，普通，ぬれるという場合，①固相表面を液相が薄膜状に拡がる現象が最も一般的な例としてあげられる（図 2.12(a)）．しかし，②紙や布あるいは多孔質の物体に液相がしみ込んでいく場合もぬれるといえるし (b)，③固相面で液相が滴状となって部分的に接触し

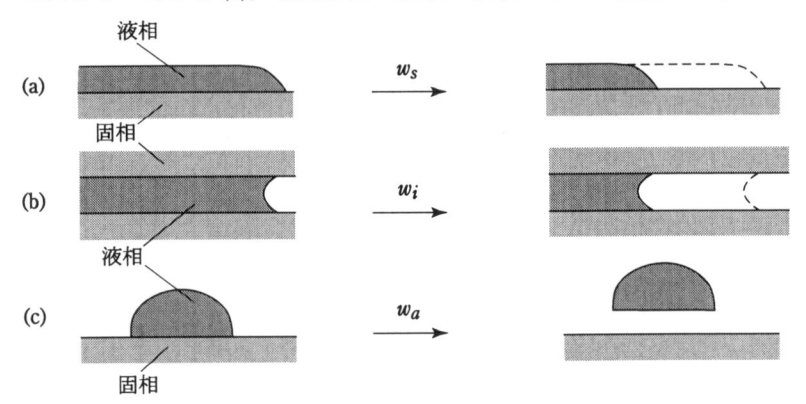

図 2.12　各種のぬれの形態に伴う界面自由エネルギーの変化量

ている場合でもその接触部分はぬれているとみなすことができる (c).
①, ②, ③の場合のぬれをそれぞれ拡張ぬれ, 浸漬ぬれ, 付着ぬれと
呼ぶ. いずれの場合のぬれも, 気/固界面が消失して固/液界面を生じ
る変化を含んでいるという点では共通している. 固相表面は, 通常, 気
相が吸着しているので上記の変化の過程は, 実際的には液相が固相表
面から気相を押しのける現象ということもできる.

ii) ぬれの尺度

　ぬれの程度を表す直感的な尺度としては, 図2.13に示す液滴と固相
面のなす角度θすなわち接触角が用いられる. 実際に, このθの大小が
ぬれの現象にとって重要な役割を果すことが多い. 一方, 種々の系の
ぬれを比較する上での有用な一般的尺度としては, ぬれに際しての界
面自由エネルギーの変化量を用いることが多い. 前述の拡張ぬれ, 浸
漬ぬれ, 付着ぬれに対応する界面自由エネルギーの変化量は図2.12を
参考にすれば, それぞれ, 式(2-81), (2-82), (2-83)で与えられる.

$$w_s = \gamma^s - \gamma^l - \gamma^{ls} \quad \cdots\cdots\cdots (2\text{-}81)$$

$$w_i = \gamma^s - \gamma^{ls} \quad \cdots\cdots\cdots (2\text{-}82)$$

$$w_a = \gamma^s + \gamma^l - \gamma^{ls} \quad \cdots\cdots\cdots (2\text{-}83)$$

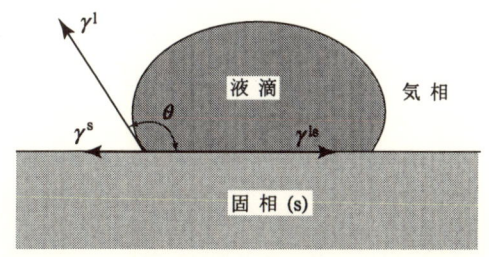

図2.13　固相/液滴間の接触角と表(界)面張力

w_s, w_i, w_a はそれぞれ拡張仕事, 浸漬仕事, 付着仕事と呼ばれ, それぞれの型のぬれにおいて, 固/液接触界面を単位面積だけ後退あるいは引離すのに必要な仕事である. γ^l, γ^s はそれぞれ液相, 固相の表面張力, γ^{ls} は液相/固相間界面張力である. 今, 図 2.13 に示すように気/液/固 3 相の境界線上の一点において γ^l, γ^s, γ^{ls} が作用して, 力の水平成分がつり合っているとすれば, 式 (2-84) が成立つ.

$$\gamma^s = \gamma^{ls} + \gamma^l \cos\theta \quad \cdots\cdots\cdots\cdots\cdots\cdots\cdots (2\text{-}84)$$

式 (2-84) がヤング (Young) の式*と呼ばれるものである. ここで垂直方向の力のつり合いは, 固相表面によって (微小な弾性変形等を伴う

---

*ヤングの式が本当に正しいのかどうかについては, 今日に至るまで種々論争がなされている. ヤングの式に含まれる γ^s, γ^{ls} 等, 固相を含む界面の界面張力を, 原理的に満足できる形での測定法が今なお見出されてないので, 実証はなされていない. 近年 (1977 年) になって, L. Boruvka と A. W. Neumann は厳密な平衡接触角として, 次式を導いた.

$$\gamma^{ls} - \gamma^s + \gamma^l \cos\theta + \tau\kappa = 0 \cdots\cdots\cdots\cdots\cdots\cdots (2\text{-}89)$$

ここで τ は, 線張力といわれるものであり, κ は境界線の曲率である. τ の値について, ピシカ (B. A. Petheca, 1977) は通常の液相と固相の間では $\tau/\gamma^l = 10^{-9}$ m 程度と推定した. それゆえ, 境界線の曲率半径がミクロンオーダー以上の大きさの液滴を扱う限り, ヤングの式 (2-84) と上式はほとんど変わらないとみなしてよい. なお, 線張力とそれに関する記述は文献 3) を参考にした.

2-4-2 のはじめにも述べたような, 固相表面を原子的に滑らかな状態にすることは難しく, 固相表面は多かれ少なかれ粗さを伴う. また固相特有のミクロ, マクロ的な界面の不均一さ, 形状も考慮する必要がある. それゆえ, 現実の系へのヤングの式 (2-84) の適用については注意深くなければならない. このことについては, **2-5-1** の iii), **3-1-2** の iv), **3-3-3** 等においてより具体的に述べる.

ことによって）支えられているので考える必要はない．

$$w_s = \gamma^l(\cos\theta - 1) \quad \cdots\cdots\cdots\cdots\cdots\cdots\cdots\cdots\cdots\cdots (2\text{-}85)$$

$$w_i = \gamma^l \cos\theta \quad \cdots\cdots\cdots\cdots\cdots\cdots\cdots\cdots\cdots\cdots\cdots\cdots (2\text{-}86)$$

$$w_a = \gamma^l(\cos\theta + 1) \quad \cdots\cdots\cdots\cdots\cdots\cdots\cdots\cdots\cdots\cdots (2\text{-}87)$$

が得られる．式(2-87)はヤング-デュプレ(Young-Dupre)の式と呼ばれる．

式(2-85)〜(2-87)より，γ^l と θ を測定すれば，w_s, w_i, w_a が得られる．また $\theta \leqq 180°$ なら $w_a \geqq 0$ で付着ぬれが自然におこる状態にあり，$\theta < 90°$ なら $w_i \geqq 0$ で浸漬ぬれが自然におこる状態にあり，$\theta = 0°$ なら $w_s = 0$ で拡張ぬれが自然に起こる状態にある．凝集仕事 $w_c = 2\gamma^l$ を用いれば，式(2-87)はまた

$$\cos\theta = \frac{2w_a}{w_c} - 1 \quad \cdots\cdots\cdots\cdots\cdots\cdots\cdots\cdots\cdots\cdots (2\text{-}88)$$

となり，θ は w_a と w_c の関数として表される．同様にして，式(2-85), (2-86)においても，θ がそれぞれ w_s と w_c，w_i と w_c の関数として表されることが容易に知れる．

iii) ぬれの概念の拡張

ぬれの分類で述べたように，ぬれは気/固界面に存在する液相部分の存在状態と考えることができる．この考えを拡張して，α, β 2 液相およびその界面での異相粒子(δ)相の存在状態を熱力学的に考察してみよう．α, β, δ相間相互の化学反応はないものとする．図2.14[16)]に従って，ΔF_a^s, ΔF_b^s を次式(2-90), (2-91)で定義する．

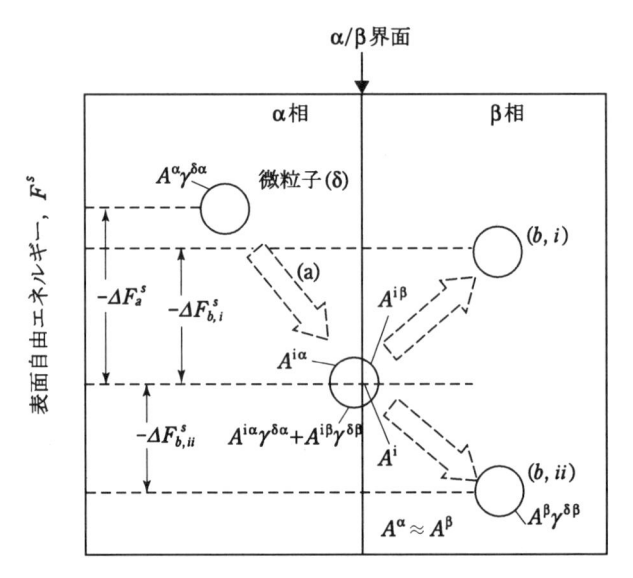

図 2.14 微粒子 (δ) が α 相，α/β 界面あるいは β 相に存在する場合の熱力学的模式図 [16]

$$\Delta F_a^s = A^{i\alpha}\gamma^{\delta\alpha} + A^{i\beta}\gamma^{\delta\beta} - A^i\gamma^{\alpha\beta} - A^\alpha\gamma^{\delta\alpha} \quad \cdots\cdots\cdots (2\text{-}90)$$

$$\Delta F_b^s = A^\beta\gamma^{\delta\beta} - (A^{i\alpha}\gamma^{\delta\alpha} + A^{i\beta}\gamma^{\delta\beta} - A^i\gamma^{\alpha\beta}) \quad \cdots\cdots\cdots (2\text{-}91)$$

ここで，$\gamma^{\delta\alpha}$, $\gamma^{\delta\beta}$ は粒子と α，β 相間のそれぞれの界面張力，$\gamma^{\alpha\beta}$ は α/β 相間の界面張力である．A^α, A^β は粒子と α，β 相間のそれぞれの界面積，A^i は粒子の α/β 相界面への付着により消滅した α/β 相界面の面積である．(a) は α 相内の粒子が α/β 相界面に移行し付着する過程を，(b) は付着した粒子が β 相中に移行する過程を示す．$\Delta F_a^s, \Delta F_b^s$ は (a), (b) それぞれの過程のヘルムホルツエネルギー変化に対応する．

粒子が α/β 相界面に安定に存在する場合，$\Delta F_a^s < 0$，$\Delta F_{b,i}^s > 0$ が同時に成立つ必要がある．粒子が界面を通過して，β 相内に移行し，安定

に存在する場合，$\Delta F_a^s<0$，$\Delta F_{b,ii}^s<0$ が同時に成立つ必要がある．

粒子が β 相，すなわち右側の相と同一の場合，$\gamma^{\beta\beta}=0$ であり，図 2.14 の幾何学的関係を考慮に入れれば，$\Delta F_a^s<0$，$\Delta F_b^s<0$ が成立つことが容易にわかる．すなわち，α 相中に β 相粒子が存在する状態（後述の分散状態）は，熱力学的に非平衡の状態にあり，粒子は自然に合一して，最終的に，β 相に吸収されていく状態にある．

2-4-3 曲率の影響

α/β 相界面が平面でない場合，ラプラスの式 (2-28), (2-61) に示されるように，α 相内の圧力が β 相内より大きくなる．その結果，α 相内の化学ポテンシャルが大きくなり，α/β 相間の熱力学的平衡の関係に変化が生じる．以下に，液滴および気泡の平衡蒸気圧，蒸発熱，固体粒子の融点，溶解度等について，具体的に考察してみよう．

ⅰ) 蒸気圧
《液滴》

半径 r の純液滴（α 相）と気相（β 相）からなる系を考える．

力学的平衡はラプラスの式 (2-28) で表される．

$$p^\alpha - p^\beta = \frac{2\gamma^{\alpha\beta}}{r} \quad \cdots\cdots\cdots\cdots (2\text{-}28)$$

熱力学的平衡は次式で示される．

$$\mu^\alpha = \mu^\beta = \mu^s \quad \cdots\cdots\cdots\cdots (2\text{-}17)$$

この状態で系の微小な可逆変化 δ を考えてみよう．その場合

$$\delta p^\alpha - \delta p^\beta = \delta\left(\frac{2\gamma^{\alpha\beta}}{r}\right) \quad\cdots\cdots\cdots\cdots\cdots\cdots \text{(2-92)}$$

$$\delta\mu^\alpha = \delta\mu^\beta = \delta\mu^s \quad\cdots\cdots\cdots\cdots\cdots\cdots\cdots\cdots\cdots \text{(2-93)}$$

温度一定の場合,化学ポテンシャルと圧力との間には,モル体積 v^α, v^β を介してよく知られているように,それぞれ次式 (2-94), (2-95) が成立する.

$$\delta\mu^\alpha = v^\alpha \delta p \quad\cdots\cdots\cdots\cdots\cdots\cdots\cdots\cdots\cdots\cdots \text{(2-94)}$$

$$\delta\mu^\beta = v^\beta \delta p \quad\cdots\cdots\cdots\cdots\cdots\cdots\cdots\cdots\cdots\cdots \text{(2-95)}$$

式 (2-93) 〜 (2-95) より

$$v^\alpha \delta p^\alpha = v^\beta \delta p^\beta \quad\cdots\cdots\cdots\cdots\cdots\cdots\cdots\cdots\cdots \text{(2-33)}$$

式 (2-33) を式 (2-92) に代入すれば

$$\delta\left(\frac{2\gamma^{\alpha\beta}}{r}\right) = \frac{v^\beta - v^\alpha}{v^\alpha} \delta p^\beta \quad\cdots\cdots\cdots\cdots\cdots \text{(2-96)}$$

$$\delta\left(\frac{2\gamma^{\alpha\beta}}{r}\right) = \frac{v^\beta - v^\alpha}{v^\beta} \delta p^\alpha \quad\cdots\cdots\cdots\cdots\cdots \text{(2-97)}$$

すでに述べたように,α 相は液滴,β 相は気相である.その場合,$v^g \gg v^l$ となるので,v^l を省略する.さらに,液相の平衡蒸気圧は,大きくても 1 気圧付近と考えれば,理想気体として取り扱うことができよう.すなわち

$$v^g = \frac{RT}{p^g} \quad\cdots\cdots\cdots\cdots\cdots\cdots\cdots\cdots\cdots\cdots \text{(2-98)}$$

ここで R は気体定数である。以後 p^g は簡単のために p と記す。式(2-98)を式(2-96)に代入すれば

$$\delta\left(\frac{2\gamma^l}{r}\right) = \frac{RT}{v^l}\frac{\delta p}{p} \quad\cdots\cdots (2\text{-}99)$$

ここでも $v^g \gg v^l$ の関係を用いた。r が ∞ の場合、$1/r = 0$、$p = p_\circ$ であるので、式(2-99)を $p_\circ$ から、$1/r$ での蒸気圧、p_r まで積分すれば、次式(2-100)が得られる。

$$\ln\frac{p_r}{p_\circ} = \frac{2\gamma^l}{r}\frac{v^l}{RT} \quad\cdots\cdots (2\text{-}100)^*$$

$p_r > p_\circ$

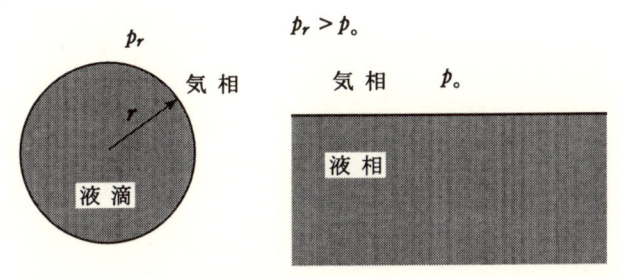

図 2.15 半径 r の液滴の平衡蒸気圧 p_r と平面 ($r \rightarrow \infty$) の液相の平衡蒸気圧 $p_\circ$

---

*p が大きくて、v^l が v^g に対して無視できない場合、式(2-100)は次のように書き直す必要がある。すなわち、式(2-96)を変形して、

$$\delta\left(\frac{2\gamma^l}{r}\right) = \frac{v^g}{v^l}\delta p - \delta p \quad\cdots\cdots (2\text{-}101)$$

上式を積分すれば

$$\frac{2\gamma^l}{r} = \frac{RT}{v}\ln\frac{p_r}{p_\circ} - (p_r - p_\circ) \quad\cdots\cdots (2\text{-}102)$$

上式が、より正確な式となる。

ここで v^l は一定とした．上式 (2-100) はケルヴィンの式としてよく知られている（図 2.15 参照）．

ケルヴィンの式からすれば，液滴が小さくなればなるほど，その液滴と平衡する蒸気圧は大きくなる．

《気泡》

気泡の場合，α 相が気相，β 相が液相となる，$v^g \gg v^l$ ゆえ，v^l を無視できるとすれば，式 (2-97) は

$$\delta\left(\frac{2\gamma^l}{r}\right) = -\frac{RT}{v^l}\frac{\delta p}{p} \quad\cdots\cdots\cdots (2\text{-}103)$$

ここで，$v^g = RT/p$ の関係を用いた．上式を積分すれば

$$\ln\frac{p_r}{p_\circ} = -\frac{2\gamma^l}{r}\frac{v^l}{RT} \quad\cdots\cdots\cdots (2\text{-}104)^*$$

となる．上式より，液体中の気泡が小さくなればなるほど，気泡の中の蒸気圧は小さくなることがわかる．

---

*式 (2-102) と同様に，式 (2-104) のより正確な形は，v^β を無視せずに式 (2-97) を積分することにより得られる．すなわち

$$\delta\left(\frac{2\gamma^l}{r}\right) = \delta p^\alpha - \frac{v^\alpha}{v^\beta}\delta p^\alpha \quad\cdots\cdots\cdots (2\text{-}105)$$

を積分すれば

$$\frac{2\gamma^l}{r} = (p_r - p_\circ) - \frac{RT}{v^l}\ln\frac{p_r}{p_\circ} \quad\cdots\cdots\cdots (2\text{-}106)$$

ii) 蒸発熱

温度 T, 半径 r の純液滴表面を考えてみよう. 具体的には, 次のような細管内液相上端の曲面である. 細管と液滴のぬれ性が悪い ($\theta > 90°$) 場合, 上端曲面は半径 r の液滴の一部分と考えることができる. 蒸発する液相は細管をとおして常に補充され, しかも系は定温に保たれるとすれば, T, r 一定のもとでの可逆的蒸発と考えることができる. 定温に保つには, 蒸発に伴う熱量 dQ (次式 (2-107)) を補給する必要がある.

$$dQ = TdS \qquad (2\text{-}107)$$

このような蒸発のプロセスは, T, r および液滴表面積一定, 表面の状態一定のもとでの可逆的蒸発であるので, 表面相のエントロピーは一定であり, s^g, s^l も一定である. それゆえ, dn モルの液相が蒸発する場合の系のエントロピー変化 dS は次式 (2-108) で与えられる.

$$dS = (s^g - s^l)dn \qquad (2\text{-}108)$$

1 モルが蒸発した場合の蒸発熱 Δh_{vap} (molar heat of vaporization) は, それゆえ

$$\Delta h_{vap} = T(s^g - s^l) \qquad (2\text{-}109)$$

この系の自由度の数は 2 であるので (式 (2-138) 参照), Δh_{vap} は T, r に依存する. そこで Δh_{vap} の半径依存性を考えてみよう. s^g, s^l は, それぞれ, T, p^g および T, p^l に依存する. T 一定のもとでは

$$\delta \Delta h_{vap} = T\left(\frac{\partial s^g}{\partial p^g}\delta p^g - \frac{\partial s^l}{\partial p^l}\delta p^l\right) \qquad (2\text{-}110)$$

cross-differentiation を用いれば

$$
\begin{aligned}
\left(\frac{\partial s}{\partial p}\right)_T &= \left[\partial\left\{-\left(\frac{\partial \mu}{\partial T}\right)_p\right\}\Big/\partial p\right]_T \\
&= \left[\partial\left\{-\left(\frac{\partial \mu}{\partial p}\right)_T\right\}\Big/\partial T\right]_p = -\left(\frac{dv}{\partial T}\right)_p \quad \cdots\cdots\cdots (2\text{-}111)
\end{aligned}
$$

それゆえ，式 (2-110) は，式 (2-96)，式 (2-97) を用いることにより，次式のように表される．

$$
\delta \Delta h_{vap} = -T\left(\frac{\partial v^g}{\partial T}\cdot\frac{v^l}{v^g-v^l} - \frac{\partial v^l}{\partial T}\cdot\frac{v^g}{v^g-v^l}\right)\delta\left(\frac{2\gamma^l}{r}\right) \cdots (2\text{-}112)
$$

理想気体を仮定すれば

$$
v^g = \frac{RT}{p^g} \quad \text{および} \quad \left(\frac{\partial v^g}{\partial T}\right)_{p^g} = \frac{R}{p^g} \quad \cdots\cdots\cdots\cdots (2\text{-}113)
$$

また $v^l \ll v^g$ ゆえ，v^l を無視できるとすれば，式 (2-112) は

$$
\delta \Delta h_{vap} = -\left\{v^l - T\left(\frac{\partial v^l}{\partial T}\right)_{p^l}\right\}\delta\left(\frac{2\gamma^l}{r}\right) \quad \cdots\cdots\cdots\cdots (2\text{-}114)
$$

式 (2-114) を T 一定のもとで，平面 ($r \to \infty$) から半径 r の液滴まで積分すれば

$$
\Delta h_{vap,r} - \Delta h_{vap,\circ} = -\frac{2\gamma^l}{r}\left\{v^l - T\left(\frac{\partial v^l}{\partial T}\right)_{p^l}\right\} \quad \cdots\cdots\cdots (2\text{-}115)
$$

一般に $v^l \gg T(\partial v^l/\partial T)_{p^l}$ と考えることができるので，その場合には，式 (2-115) は

$$\Delta h_{vap, r} - \Delta h_{vap, \circ} = -\frac{2\gamma^l v^l}{r} \quad\cdots\cdots\cdots\cdots\cdots\cdots (2\text{-}116)$$

式 (2-115), (2-116) より，半径 r の液滴の蒸発熱 $\Delta h_{vap, r}$ は，平面の場合の蒸発熱 $\Delta h_{vap, \circ}$ より小さいことがわかる．しかし，その減少の程度は小さく，4℃の水の場合，r が 10 nm でも，蒸発熱の減少は 0.6 % に留まる．

iii) 融点

ギブズ-トムソン効果として知られている固/液（純成分）界面の曲率と融点との関係を考察しよう．

β相の圧力を一定として，α, β 相におけるギブズ-デュエムの式 (2-32) の辺々を互いに引けば，$\delta\mu^\alpha = \delta\mu^\beta$ ゆえ

$$\Delta s\delta T + v^\alpha \delta p^\alpha = 0 \quad\cdots\cdots\cdots\cdots\cdots\cdots (2\text{-}117)$$

ここで $\Delta s = s^\beta - s^\alpha$．α 相を固相，β 相を液相にとれば，$\Delta s$ は $\Delta_f s$，すなわち，融解のエントロピーである．さらにラプラスの式の微分形である式 (2-30) と $\delta p^l = 0$ から

$$\delta p^s = \delta\left(\frac{2\gamma^{ls}}{r}\right) \quad\cdots\cdots\cdots\cdots\cdots\cdots (2\text{-}118)$$

平衡状態では

$$\Delta_f \mu = \mu^l - \mu^s = \Delta_f h - \Delta_f s T_m = 0 \quad\cdots\cdots\cdots\cdots (2\text{-}119)$$

であるので（T_m は融点），

$$\Delta_f s = \frac{\Delta_f h}{T_m} \quad \cdots\cdots (2\text{-}120)$$

したがって式 (2-117) は

$$\frac{\delta T}{T_m} = \frac{-v^s}{\Delta_f h} \delta\left(\frac{2\gamma^{ls}}{r}\right) \quad \cdots\cdots (2\text{-}121)$$

$\Delta_f h$（融解のエンタルピー）は曲率に対して変化せず，v^s も一定と仮定して，上式 (2-121) を $1/r=0$（平面）から $1/r$ まで積分すれば，次式 (2-122) が得られる．

$$\ln\frac{T_{m,r}}{T_{m,\circ}} = -\frac{2\gamma^{ls}}{r}\cdot\frac{v^s}{\Delta_f h} \quad \cdots\cdots (2\text{-}122)$$

上式がトムソン (Thomson) の式と呼ばれるものである．$T_{m,r}$ は半径 r の固/液界面での融点，$T_{m,\circ}$ は $r\to\infty$ の固/液界面すなわち，平面の場合の通常の融点である．式 (2-122) の右辺の各量はすべて正であるので，$\ln T_{m,r}/T_{m,\circ}<0$ となり，$T_{m,r}<T_{m,\circ}$ となる．

固液界面が果たして滑らかな曲面を持つのかどうかについては議論のあるところであろうが，ともかく式 (2-122) は異なる曲面を持つ固液界面の融点の変化の説明として一般に受け入れられている．

iv) 溶解度

r 成分系のギブズ-デュエムの式は

$$SdT - Vdp + \sum_{i=1}^{r} n_i d\mu_i = 0 \quad \cdots\cdots (2\text{-}123)$$

両辺を系の体積で割れば

$$\bar{s}dT - dp + \sum_{i=1}^{r} c_i d\mu_i = 0 \quad \cdots\cdots (2\text{-}124)$$

ここで $\bar{s}$ は単位体積あたりのエントロピー．式(2-124)で温度一定の場合

$$dp = \sum_{i=1}^{r} c_i d\mu_i \quad \cdots\cdots (2\text{-}125)$$

ラプラスの式の微分形である式(2-30)に，α, β相における式(2-125)を代入すれば

$$d\left(\frac{2\gamma^{\alpha\beta}}{r}\right) = \sum_{i=1}^{r} (c_i^{\alpha} - c_i^{\beta}) d\mu_i \quad \cdots\cdots (2\text{-}126)$$

ここでαを固相，βを液相とする．また，固相は球形をとりうるものとする．そして液相の圧力 p^l は一定，すなわち $dp^l = 0$ とすれば，式(2-125)より

$$dp^l = \sum_{i=1}^{r} c_i^l d\mu_i = 0 \quad \cdots\cdots (2\text{-}127)$$

であるので，式(2-126)は

$$d\left(\frac{2\gamma^{ls}}{r}\right) = \sum_{i=1}^{r} c_i^s d\mu_i \quad \cdots\cdots (2\text{-}128)$$

固相は純成分1，すなわち $c_2^s, \cdots c_q^s$ は零とする．その場合式(2-128)は

$$d\left(\frac{2\gamma^{ls}}{r}\right) = c_1^s d\mu_1 \quad \cdots\cdots (2\text{-}129)$$

ところで

$$\mu_1 = \mu_1^\circ + RT\ln(\gamma_1 x_1) \quad \cdots\cdots (2\text{-}130)$$

それゆえ，式(2-129)は

$$d\left(\frac{2\gamma^{ls}}{r}\right) = c_1^s RT\, d\ln(\gamma_1 x_1) \quad \cdots\cdots (2\text{-}131)$$

$c_1^s = 1/v_1^s = 1/v_1^\circ$, v_1° は純固相1のモル体積であるので

$$d\left(\frac{2\gamma^{ls}}{r}\right) = \frac{RT}{v_1^\circ}\, d\ln(\gamma_1 x_1) \quad \cdots\cdots (2\text{-}132)$$

式(2-132)を $1/r = 0$（平面）から $1/r$ まで積分すれば

$$\frac{2\gamma^{ls}}{r} = \frac{RT}{v_1^\circ}\ln\left(\frac{\gamma_{1,r}\, x_{1,r}}{\gamma_{1,\circ}\, x_{1,\circ}}\right) \quad \cdots\cdots (2\text{-}133)$$

液相が理想溶液の場合，式(2-133)は

$$\frac{2\gamma^{ls}}{r} = \frac{RT}{v_1^\circ}\ln\left(\frac{x_{1,r}}{x_{1,\circ}}\right) \quad \cdots\cdots (2\text{-}134)$$

となり，これがよく知られているフロイントリヒ－オストワルト (Freundlich-Ostwald) の式である（図2.16参照）．

　界面張力が固体粒子の大きさに依存しない（あるいは依存しない範囲にある）とした場合，式(2-133)（あるいは式(2-134)）より，純成分1よりなる固体の溶解度は粒子径が減少するにつれて増大する．

$x_{1,r} > x_{1,\infty}$

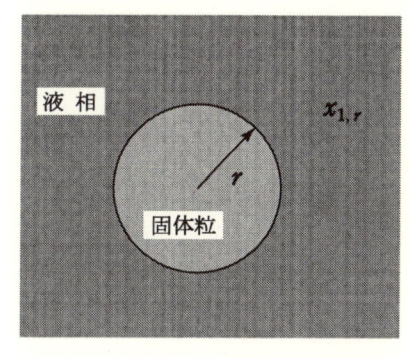

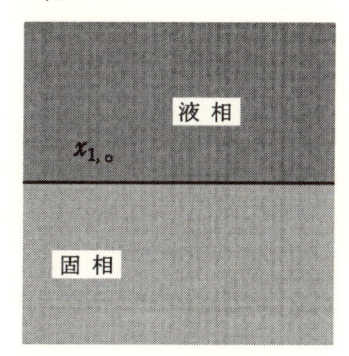

図 2.16 半径 r の固体粒子 (純成分 1) の溶解度 $x_{1,r}$ と，固/液界面が平面 ($r \to \infty$) の場合の溶解度 $x_{1,\infty}$．

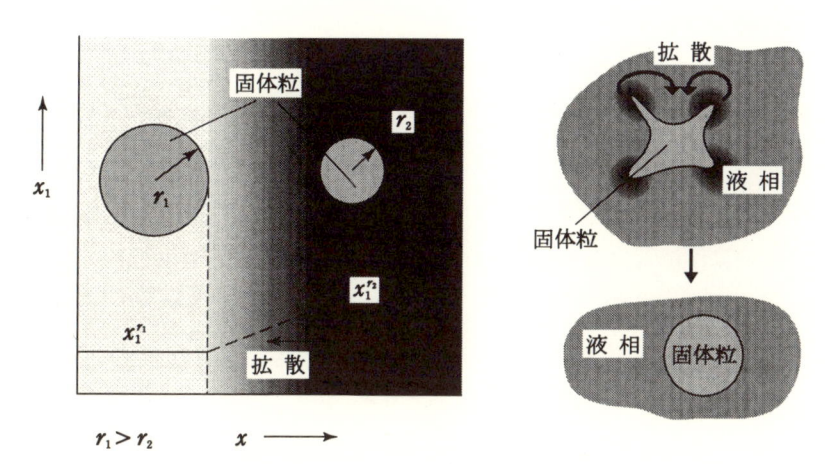

図 2.17 オストワルト成長 (熟成)

それゆえ，溶液のなかに異なる径の固体粒子が同時に存在している場合，大きな方の固体粒子は小さい方の粒子を食って成長していく．また角ばった粒子はまるくなっていく．この現象はオストワルト成長 (Ostwald-ripening) として知られている (図 2.17 参照)．

v) 相律

i)～iv) で述べたように，界面を含む系の性質は，界面の曲率に依存することが明らかになった．この結果より，界面を含む系の自由度の数 f は，巨容相のみを考慮に入れて導出した場合の次式 (2-135) と異なるものになると考えられる．

$$f = c + 2 - \nu - (q + \chi) \quad \cdots\cdots\cdots\cdots\cdots\cdots\cdots (2\text{-}135)$$

c は系の独立成分の数，ν は相の数，q は独立な反応の数，χ は反応に伴う濃度の制限の数である．

c 個の独立成分，ν 個の巨容相，ξ 個の種類（タイプ）の界面の数，q 個の独立な反応よりなる系を考えてみよう．簡単のために，各種（タイプ）の界面内での相はそれぞれ一種類のみとする．その場合，界面相の数は ξ に等しくなる．もしこの系が非平衡状態にある場合，系を示強性の性質を用いて完全に記述しようとすれば，次の変数が必要になる．なお，濃度を単位体積あたりのモル数にとってあるので，圧力 p，あるいは体積 V は表に出てこない．

$$\underbrace{T}_{1\text{個}}\ ;\ \underbrace{c_1^1, \cdots c_c^\nu}_{c\nu\text{個}}\ ;\ \underbrace{\Gamma_1^1, \cdots \Gamma_c^\xi}_{c\xi\text{個}}\ ;\ \underbrace{\gamma^1, \cdots \gamma^\xi}_{\xi\text{個}} \quad \cdots\cdots\cdots (2\text{-}136)$$

すなわち $1 + c\nu + c\xi + \xi$ 個である．ところでもしこの系が熱力学的平衡状態にある場合には，次の制限が加わることになる．

① 力学的平衡：ラプラスの式 (2-28) が ξ 個のタイプの界面で成立つので ξ 個の制限．

② 各相および界面の間でおのおのの成分の化学ポテンシャルは等しい．それゆえ，ν 個の相とその間に挟まれる界面の種類の数 ξ 個の間には，おのおのの成分について次の関係が成立つ．

2章 界面の取り扱いの基礎

$$\mu_c^1 = \mu_c^{s(1/2)} = \mu_c^2 \cdots\cdots\cdots = \mu_c^{s(\xi)} = \mu_c^v \quad \cdots\cdots\cdots\cdots \text{(2-137)}$$

$s(1/2)$ は相 1/2 間の界面を意味する．上式において，独立な式の数は $(\nu + \xi - 1)$ 個存在する．したがって制限の数は $c(\nu + \xi - 1)$.
③独立な化学反応の数だけ，$\Delta G_q = 0$ の関係が成立つ．ΔG_q は反応 q の自由エネルギー変化．なお，化学反応に伴う濃度の制限の数 χ はここではないものとする．

それゆえ，①，②，③の制限の数の総計は，$\xi + c(\nu + \xi - 1) + q$ となる．その結果，自由度の数 f は

$$f = 1 + c\nu + c\xi + \xi - \{\xi + c(\nu + \xi - 1) + q\} = 1 + c - q$$
$$\cdots\cdots \text{(2-138)}$$

例えば半径 r の水滴－気相系の自由度の数 f は，$c = 1$, $q = 0$ ゆえ，式 (2-138) より 2 となる．ところが r が ∞ の場合，式 (2-135) からこの系の自由度の数は $c = 1$, $\nu = 2$, $q = 0$, $\chi = 0$ ゆえ，$f = 1$ となる．すなわち，例えば温度 T が決まればその温度での水の蒸気圧は一つの値を持ち，この系の示強性の状態はすべて決まってしまう．しかし，水滴が小さくなり，表面の寄与が無視できなくなると，式 (2-138) を適用しなければならず，$f = 2$ となる．すなわち，i）で述べたとおり，この系ではたとえ温度 T が与えられても，もう一つの示強性の性質，例えば半径 r を指定しないと，系の蒸気圧は決まらないことになる．

2-4-4 核生成
i）均質核生成

β相（気相あるいは液相）中に液滴 α が生成する場合のヘルムホルツエネルギー，F の変化を考えよう．単位界面積あたりの自由エネルギー

は式 (2-15) で示されるので，界面積 A の系に対しての自由エネルギー F^s は

$$F^s = \gamma^{\alpha\beta} A + \sum_{i=1}^{r} n_i^s \mu_i^s \quad \cdots\cdots\cdots\cdots\cdots\cdots (2\text{-}139)$$

α 相，β 相の自由エネルギーはそれぞれ，式 (2-140), (2-141) で与えられる．

$$F^\alpha = \sum_{i=1}^{r} n_i^\alpha \mu_i^\alpha - p^\alpha V^\alpha \quad \cdots\cdots\cdots\cdots\cdots\cdots (2\text{-}140)$$

$$F^\beta = \sum_{i=1}^{r} n_i^\beta \mu_i^\beta - p^\beta V^\beta \quad \cdots\cdots\cdots\cdots\cdots\cdots (2\text{-}141)$$

したがって，液相を含む系の全自由エネルギー F は

$$F = \sum_{i=1}^{r} n_i^\alpha \mu_i^\alpha + \sum_{i=1}^{r} n_i^\beta \mu_i^\beta + \sum_{i=1}^{r} n_i^s \mu_i^s - p^\alpha V^\alpha - p^\beta V^\beta + \gamma^{\alpha\beta} A$$
$$\cdots\cdots (2\text{-}142)$$

ところで，液相が生成する前の自由エネルギー $F_\circ$ は

$$F_\circ = \sum_{i=1}^{r} n_i \mu_{i,\circ}^\beta - p_\circ^\beta V \quad \cdots\cdots\cdots\cdots\cdots\cdots (2\text{-}143)$$

ここで $n_i = n_i^\alpha + n_i^\beta + n_i^s$, $V = V^\alpha + V^\beta$, すなわち液滴が生成する前後の系は，同一の原子（分子）数，体積より成るとする．温度 T のもとで，液滴 α が生成した場合の自由エネルギー変化 $(\Delta F)_{T,V}$ は，式 (2-142) から式 (2-143) を差し引くことによって，次式 (2-144) で与えられる．

$$(\Delta F)_{T,V} = F - F_\circ \quad \cdots\cdots\cdots\cdots\cdots\cdots (2\text{-}144)$$

ここで簡単のために，母相の β 相は十分に大きくて，液滴 α が生成しても母相の圧力や組成はほとんど変化しないものとする*．その場合

$$\mu_i^\beta = \mu_{i,\circ}^\beta, \quad p^\beta = p_\circ^\beta \quad \cdots\cdots\cdots\cdots\cdots\cdots\cdots\cdots\cdots\cdots (2\text{-}145)$$

そこで，式 (2-144) に式 (2-142), (2-143), (2-145) を代入すれば

$$(\Delta F)_{T,V} = \sum_{i=1}^r n_i^\alpha (\mu_i^\alpha - \mu_i^\beta) + \sum_{i=1}^r n_i^s (\mu_i^s - \mu_i^\beta) - V^\alpha (p^\alpha - p^\beta) + \gamma^{\alpha\beta} A$$

$$\cdots\cdots (2\text{-}146)$$

上式 (2-146) は実質的に T, V 一定のものであるので，$(\Delta F)_{T,V}$ の T, V をとって以後は単に ΔF と表す．ラプラスの式 (2-28) を用いれば

$$V^\alpha (p^\alpha - p^\beta) = \frac{4}{3}\pi r^3 \cdot \frac{2\gamma^{\alpha\beta}}{r} = \frac{2}{3}(4\pi r^2)\gamma^{\alpha\beta} = \frac{2}{3}\gamma^{\alpha\beta} A$$

$$\cdots\cdots (2\text{-}147)$$

それゆえ

$$\Delta F = \sum_{i=1}^r n_i^\alpha (\mu_i^\alpha - \mu_i^\beta) + \sum_{i=1}^r n_i^s (\mu_i^s - \mu_i^\beta) + \frac{1}{3}\gamma^{\alpha\beta} A \quad \cdots (2\text{-}148)$$

もしこの系が平衡状態にある場合，式 (2-17) すなわち $\mu_i^\alpha = \mu_i^\beta = \mu_i^s$ が成立つ．したがって

$$\Delta F_g = \frac{1}{3}\gamma^{\alpha\beta} A_g \quad \cdots\cdots\cdots\cdots\cdots\cdots\cdots\cdots\cdots\cdots (2\text{-}149)$$

---

*場合によってはこの仮定は成立しないことがあるので注意が必要である．その場合には式 (2-144) を用いて考察を進めなければならない．**4-1-2** の例を参照されたい．

この場合の液滴が臨界核（g で示す）である．

次に臨界核以下での液滴（胚）の自由エネルギー変化を考察しよう．この場合系は平衡状態にないので，式 (2-17) の関係を用いることはできない．しかし，$n_i^s \ll n_i^\alpha$, $(\mu_i^s - \mu_i^\beta) < (\mu_i^\alpha - \mu_i^\beta)$ と考えることができるので，$n_i^s(\mu_i^s - \mu_i^\beta)$ は $n_i^\alpha(\mu_i^\alpha - \mu_i^\beta)$ に比較して無視できる．その場合，式 (2-148) は

$$\Delta F = \sum_{i=1}^{r} n_i^\alpha [\mu_i^\alpha(T, p^\alpha, x_2^\alpha, \cdots, x_r^\alpha) \\ - \mu_i^\beta(T, p^\beta, x_2^\beta, \cdots, x_r^\beta)] + \frac{1}{3}\gamma^{\alpha\beta}A \quad \cdots\cdots (2\text{-}150)$$

上式 (2-150) は化学ポテンシャルを，T, p, x_i の関数として表そうとしたものである．次式 (2-151) を用い，v_i^α の圧力による変化を無視できるとすれば，式 (2-152) が得られる．

$$\left(\frac{\partial \mu_i^\alpha}{\partial p^\alpha}\right)_{T, x_i^\alpha} = v_i^\alpha \quad \cdots\cdots\cdots\cdots (2\text{-}151)$$

$$\mu_i^\alpha(T, p^\alpha, x_2^\alpha, \cdots, x_r^\alpha) = \mu_i^\alpha(T, p^\beta, x_2^\alpha, \cdots, x_r^\alpha) + v_i^\alpha(p^\alpha - p^\beta) \\ \cdots\cdots (2\text{-}152)$$

式 (2-152) を式 (2-150) に代入し，$V^\alpha = \sum_{i=1}^{r} n_i^\alpha v_i^\alpha$ の関係および，式 (2-147) を用いれば

$$\Delta F = \sum_{i=1}^{r} n_i^\alpha [\mu_i^\alpha(T, p^\beta, x_2^\alpha, \cdots, x_r^\alpha) \\ - \mu_i^\beta(T, p^\beta, x_2^\beta, \cdots, x_r^\beta)] + \gamma^{\alpha\beta}A \quad \cdots\cdots (2\text{-}153)$$

上式(2-153)が式(2-148)をより具体的な形に表したΔFの式である.
式(2-153)を純成分1の液滴(α相)が核生成する場合にあてはめてみよう. その場合式(2-153)は

$$\Delta F = n_1^\alpha [\mu_1^\alpha(T, p^\beta) - \mu_1^\beta(T, p^\beta, x_2^\beta, \cdots, x_r^\beta)] + \gamma^{\alpha\beta} A \cdots (2\text{-}154)$$

式(2-154)の[ ]内は, 半径が無限大の場合の相変化, $\beta \to \alpha$, が生じる場合の1モルあたりの自由エネルギー変化$\Delta \mu_1$であり, この数値は熱力学データブック等から比較的容易に求められる. 式(2-154)はそれゆえ

$$\Delta F = n_1^\alpha \Delta \mu_1 + \gamma^{\alpha\beta} A \cdots\cdots\cdots\cdots\cdots\cdots\cdots\cdots\cdots (2\text{-}155)$$

$n_1^\alpha = v^{\alpha'}/v_1^{\alpha,\circ}$, $v^{\alpha'} = 4/3\pi r^3$(生成核の体積), $A = 4\pi r^2$であるので, 式(2-155)は

$$\Delta F = \frac{4\pi r^3}{3v_1^{\alpha,\circ}} \Delta \mu_1 + 4\pi r^2 \gamma^{\alpha\beta} \cdots\cdots\cdots\cdots (2\text{-}156) \text{ (図 2.18 参照)}$$

$v_1^{\alpha,\circ}$は純成分1の液相(α相)のモル体積である.

熱力学の第2法則から, 平衡状態, すなわち臨界核においては

$$(\mathrm{d}F)_{T,V} = 0 \cdots\cdots\cdots\cdots\cdots\cdots\cdots\cdots\cdots\cdots\cdots\cdots (2\text{-}157)$$

変化の道筋として, 液滴が成長する場合をとりあげると

$$\left(\frac{\partial F}{\partial r}\right)_{T,V} = \frac{4\pi r_g^2}{v_1^{\alpha,\circ}} \Delta \mu_1 + 8\pi r_g \gamma^{\alpha\beta} = 0 \cdots\cdots\cdots\cdots (2\text{-}158)$$

ゆえに

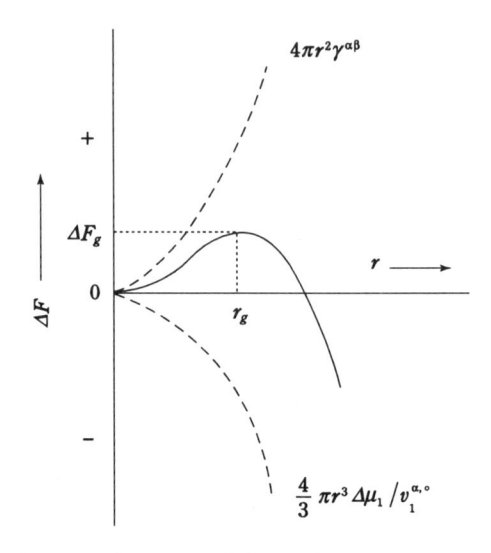

図 2.18 球状エンブリオの形成自由エネルギー ΔF と半径 r との関係

$$r_g = -\frac{2v_1^{\alpha,\circ}\gamma^{\alpha\beta}}{\Delta\mu_1} \quad\cdots\cdots (2\text{-}159)$$

気相から純液滴が核生成する場合には

$$\Delta\mu_1 = RT\ln\left(\frac{p_\circ^\circ}{p_r}\right) \quad\cdots\cdots (2\text{-}160)$$

$p_\circ^\circ$ は純液滴の $r=\infty$ における平衡蒸気圧, p_r は気相の過飽和の状態の蒸気圧でこの場合, 半径 r の液滴の平衡蒸気圧でもある. 式 (2-160) を式 (2-159) に代入すれば

$$r_g = \frac{2v_i^{\alpha,\circ}\gamma^l}{RT\ln\left(\dfrac{p_r}{p_\circ^\circ}\right)} \quad\cdots\cdots (2\text{-}161)$$

上式はケルヴィンの式そのものである. 溶液から純固相が核生成する

場合には

$$\Delta\mu_1 = -\Delta_m\mu_1^\circ - RT\ln(\gamma_1 x_1) \quad\cdots\cdots\cdots\cdots\cdots\cdots \quad (2\text{-}162)$$

γ_1 は純液体を標準状態にとった場合の溶液中の成分 1 の活量係数, $\Delta_m\mu_1^\circ(=\mu_1^{\circ,1}-\mu_1^{\circ,s})$ は, 純成分 1 の融解の自由エネルギー変化である. 式 (2-160) は空気中の過飽和水蒸気が水滴になる場合に, 式 (2-162) は海水から氷が, あるいは過飽和に溶けている NaCl 水溶液から NaCl 結晶が核生成する場合などに相当する. なお, 固相の核生成においては, 結晶の表面張力は一様であり, 球形をとりうるものと仮定する.

溶液から化学反応により, 化合物 q の液滴あるいは固体粒子 n_q モルが生成する場合にも式 (2-146) は適用できる. その場合, 反応に伴う体積変化の無視という, かなり大きな仮定が必要となる. 化学反応に際しての 1 モルあたりの自由エネルギー変化を Δg_q とすれば式 (2-146) は

$$\Delta F = n_q^\alpha \Delta g_q + \gamma^{\alpha\beta} A \quad\cdots\cdots\cdots\cdots\cdots\cdots\cdots\cdots \quad (2\text{-}163)$$

ii) 不均質核生成

実際によく取り上げられる例として, 固/気あるいは固/液界面での不均質核生成を考えてみよう.

図 2.19 に示すように, 平滑な界面にレンズ状の核が生成する場合を考える. 固相と接する液相あるいは気相を α 相とし, 核生成によって生じる相を δ 相とする. 煩雑さを避けるため, $p^\alpha = p^s = p$ と記すことにする. レンズ状の核と接する固体界面の面積を $A^{\delta s}$ とすれば

$$A^{\delta s} = \pi d^2 \quad\cdots\cdots\cdots\cdots\cdots\cdots\cdots\cdots\cdots\cdots \quad (2\text{-}164)$$

核生成する前のヘルムホルツエネルギー $F_\circ$ は

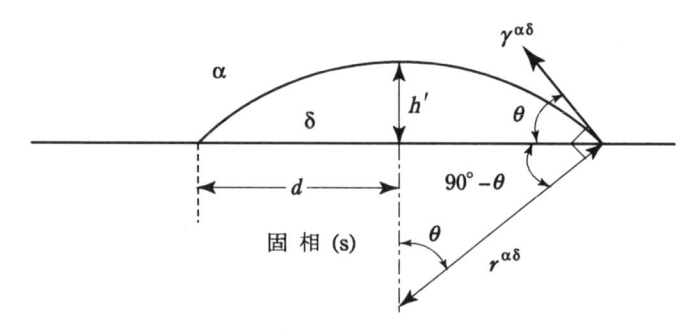

図 2.19 α相/固相間平滑界面上のレンズ状核

$$F_\circ = \sum_{i=1}^{r} n_{i,\circ}^{\alpha} \mu_i - pV_\circ^{\alpha} + \sum_{i=1}^{r} n_{i,\circ}^{s} \mu_i - pV_\circ^{s}$$

$$+ \sum_{i=1}^{r} n_{i,\circ}^{\alpha s} \mu_i + \gamma^{\alpha s} A^{\delta s} + F_r^s \quad \cdots\cdots\cdots (2\text{-}165)$$

ここで, $n_{i,\circ}^{\alpha s}$ は, αs 界面の面積 $A^{\delta s}$ に吸着した成分 i のモル数であり, F_r^s は, 界面積 $A^{\delta s}$ の外側の界面の表面自由エネルギーである.

次に, 図 2.19 のレンズ状核が同一温度, 圧力のもとで, 生成した場合の系の自由エネルギーは

$$F = \sum_{i=1}^{r} n_i^{\alpha} \mu_i - pV^{\alpha} + \sum_{i=1}^{r} n_i^{s} \mu_i - pV^{s} + \sum_{i=1}^{r} n_i^{\delta} \mu_i - p^{\delta}V^{\delta}$$

$$+ \sum_{i=1}^{r} n_i^{\alpha\delta} \mu_i + \gamma^{\alpha\delta} A^{\alpha\delta} + \sum_{i=1}^{r} n_i^{\delta s} \mu_i + \gamma^{\delta s} A^{\delta s} + F_r^s \quad \cdots\cdots (2\text{-}166)$$

ここで, 核 δ は, α, s 相と準安定平衡であるとし, 核は母相 α, s に比して著しく小さく, 核生成しても α, s 相の圧力, 組成は変化しないものとする. それゆえ, $\mu_i = \mu_i^{\alpha} = \mu_i^{s}$ は変化しない.

式 (2-166) から (2-165) を引けば, 最終的に

2章 界面の取り扱いの基礎

$$\Delta F_g = -(p^\delta - p)V^\delta + \gamma^{\alpha\delta}A^{\alpha\delta} + \gamma^{\delta s}A^{\delta s} - \gamma^{\alpha s}A^{\delta s} \cdots \quad (2\text{-}167)$$

ヤングの式(2-84)と幾何学の関係より

$$\gamma^{\alpha s} = \gamma^{\delta s} + \gamma^{\alpha\delta}\cos\theta = \gamma^{\delta s} + \gamma^{\alpha\delta}\left(\frac{r^{\alpha\delta} - h'}{r^{\alpha\delta}}\right) \quad \cdots\cdots \quad (2\text{-}168)$$

ラプラスの式(2-28)より

$$p^\delta - p = \frac{2r^{\alpha\delta}}{r^{\alpha\delta}} \quad \cdots\cdots\cdots\cdots\cdots\cdots\cdots\cdots\cdots\cdots\cdots\cdots \quad (2\text{-}28)$$

また

$$V^\delta = \frac{2}{3}\pi r^{\alpha\delta^2}h' - 3\pi d^2(r^{\alpha\delta} - h') \quad \cdots\cdots\cdots\cdots\cdots \quad (2\text{-}169)$$

上の二つの式を式(2-167)の右辺第一項に代入し，式(2-168)の関係を用いれば

$$\Delta F_g = \frac{1}{3}(\gamma^{\alpha\delta}A^{\alpha\delta} + \gamma^{\delta s}A^{\delta s} - \gamma^{\alpha s}A^{\alpha s}) \quad \cdots\cdots\cdots\cdots\cdots \quad (2\text{-}170)$$

ここで，$A^{\alpha\delta} = 2\pi r^{\alpha\delta}h'$, $A^{\alpha s} = \pi d^2$ であり, $A^{\alpha\delta} = 2\pi r^{\alpha\delta^2}(1-\cos\theta)$, $A^{\delta s} = \pi d^2 = \pi r^{\alpha\delta^2}\sin^2\theta$ でもあるので

$$\Delta F_g = \frac{2}{3}\gamma^{\alpha\delta}\pi r^{\alpha\delta^2}\left(1 - \cos\theta - \frac{1}{2}\cos\theta\sin^2\theta\right) \quad \cdots\cdots \quad (2\text{-}171)$$

ところで，$1 + \cos\theta + 1/2\cos\theta\sin^2\theta \geq 0$，あるいは，$1 \geq -\cos\theta - 1/2\cos\theta\sin\theta$ であるので，式(2-171)の ΔF_g は

$$\Delta F_g \leq \frac{4}{3}\gamma^{\alpha\delta}\pi r^{\alpha\delta 2} = \Delta F_{g,\,sphere} \quad \cdots\cdots\cdots\cdots\cdots\cdots \quad (2\text{-}172)$$

等号は，$\theta = 180°$ のときで，これは均質核生成の場合の式 (2-149) に等しい．すなわち，$\theta < 180°$ の場合，不均質核生成の方が均質核生成より，自由エネルギーの観点からは有利であることがわかる．

以上の平衡状態の界面現象に関する部分，とりわけ，**2-2-2** の iii)，**2-4-1**，**2-4-3**，**2-4-4**，の記述はほとんど，文献 2) に依った．興味を持たれる方はぜひ原著にあたって理解を深めていただきたい．

2-5 非平衡状態の界面性質，界面現象
2-5-1 界面性質

非平衡状態（定常状態は除く）では，系の化学組成は時間の経過とともに変化するので，それに伴って系の界面性質すなわち，表面張力，界面張力，ぬれ性も変化する．非平衡状態の場合，これら界面性質と化学組成との関係は，平衡状態でのそれと，厳密には異なるはずである．しかし，界面に近い巨容相での化学組成をなんらかの方法で見積ることができる場合には，平衡状態あるいはそれに近い状態での界面性質と上述の化学組成との関係を用いて，近似的に非平衡状態での界面性質を求めたり，理解しようとすることが行われてきている．後程述べるぬれ，浸透，マランゴニ効果の解析等にその例を見ることができる．表面活性成分の液相界面への吸着は一般に速い．とりわけ，3 章，4 章の高温融体の系では，吸着速度が著しく大きくなるので，上述の近似に大きな無理はないと考えられる＊（次頁脚注参照）．

一方，非平衡状態での界面性質が，平衡状態での界面性質と組成と

の関係から大きく偏倚する現象も見出されている．以下にその例を簡単に紹介してみよう．

ⅰ) 表面張力

後述 (3-1-1) するように，一般に酸素は溶融合金に対して，非常に強い表面活性成分であることが知られている．酸素はまた，多くの金属と容易に化合して，酸化物を生成する．この酸化物の平衡解離圧 $p_{O_2, e}$ は金属の融点以上の高温度においても非常に小さい場合が多い．

静滴法は高温度における静的状態での表面張力の測定，すなわち静的表面張力の測定法の代表的なものの一つである．静滴法は重力下に置かれた液滴の歪みの測定から，ラプラスの式 (2-61) を用いて，表面

---

*表面活性成分の吸着速度に比べて，表面の生成 (拡張)，消滅 (縮少) 速度が速い場合，動的状態で測定された表面張力，すなわち動的表面張力は平衡状態での同一組成 (巨容相) の表面張力と異なる値になる．例えば動的表面張力測定法の一つである，液滴振動法 (oscillating drop method)[17] は最近，溶融合金の表面張力の測定によく用いられている．この測定法では，液滴の振動に伴ない，表面が拡張する部分と縮少する部分が生じる．拡張する部分において，表面の拡張速さに比して表面活性成分の吸着が遅ければ，その部分の表面張力が高くなる．また，縮小する部分で脱着が遅ければその部分の表面張力は低くなる．そのような場合には，液滴の伸縮に伴なってギブズ－マランゴニ効果**が生じるので，液滴の表面張力を一様と仮定した表面張力の算出式の適用の可否については改めて検討しなければならなくなる．

**ギブズ－マランゴニ効果

2-3-3 に述べたところのマランゴニ効果のもとになる表面張力勾配が，表面の拡張，縮少に伴なう表面活性成分の吸着状態の変化によって生じ，そのことによって，マランゴニ効果が誘起され，弾性的挙動が現れる，このことをいう．

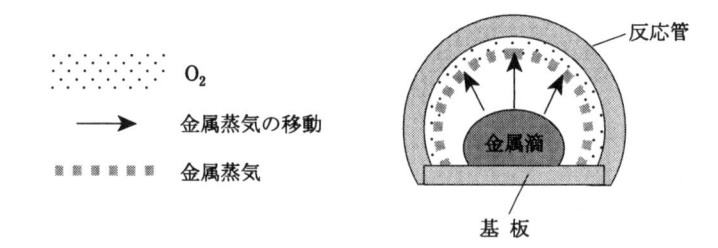

図 2.20 金属滴のまわりの金属蒸気による酸化防止保護層

張力を求める方法である．液滴をとりまく気相の酸素分圧 p_{O_2} を制御するために，不活性ガスの Ar や He を液滴のまわりに流すが，気相の p_{O_2} を $p_{O_2,e}$ 以下に制御することが測定技術上難しい．しかし実際に表面張力を測定してみると，$p_{O_2,e}$ よりかなり大きな p_{O_2}（気相巨容相中）のもとで測定しても，$p_{O_2}<p_{O_2,e}$ のもとで測定した値に近くなることがいくつかの系で見出されている．Passerone ら[18]の考えに従えばこの原因は図 2.20 に示すように，液滴から蒸発する金属蒸気と気相中 O_2 との反応によって，液滴近傍の p_{O_2} が著しく低下することによるとして説明できる．

ii) 界面張力

2-4 で述べた平衡状態での界面現象の解析には，厳密には，熱力学的平衡状態において測定された表面張力を用いなければならない．ところで 2 液相間の界面張力については，この系が平衡状態にある場合，例えば，溶融スラグ-合金系を考えた場合，温度，圧力一定のもとでは，メタル組成を変化させれば，それに対してスラグ組成も変化するので，一方の相の組成を，他方の相の組成に対して独立に変化させることは出来ない．従来の多くの測定結果が界面張力とメタル組成との関係で報告されている．そのような測定結果の多くは，それゆえ熱力

学的には非平衡状態での測定値として取り扱うべきものであろう.

硫黄や酸素のような非常に強い界面活性成分が，2相間で非平衡状態にある場合には，スラグ/メタル間界面をとおして，強力な界面活性成分が移行することになる．このような移行が生じている状態において，静滴法を用いて界面張力を測定すると，極端な界面張力の低下が生じるとする報告（図2.21[19] の例参照）がなされている．この現象については，硫黄，酸素移行時の界面状態が平衡状態のそれとは異なることによるものと考えられている．具体的な説明の例としては，反応過程における界面活性な中間化合物の生成，界面活性成分の界面への平衡値を超えるような集積などである[20),21]．現象論的には，非可逆過程の熱力学に基づいて，物質の流れと界面の流れが連結しうるとする考え方が提唱されている[20]．

このような界面張力の低下現象に対しては，別の観点からの考察も必要と考えられる．静滴法はラプラスの式(2-61)が成立する条件，

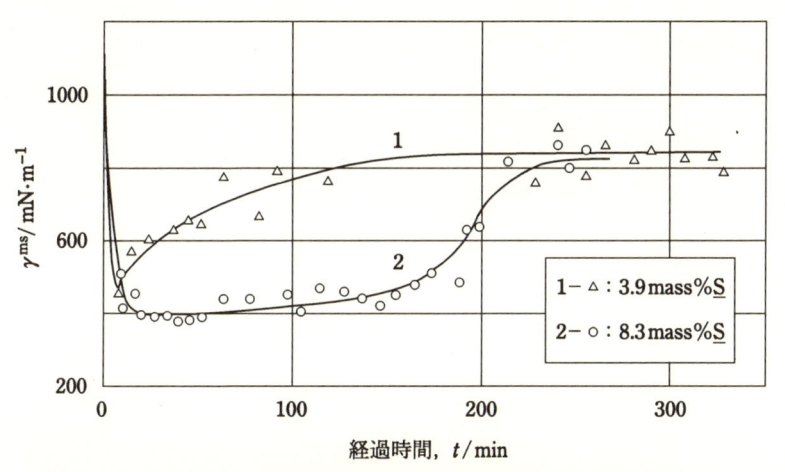

図2.21　Fe-S合金/CaO(40mass%)-SiO(40mass%)-Al$_2$O$_3$(20mass%)スラグ間界面張力の経時変化 (1540–1560℃)[19]

すなわち静的な力学的平衡が成立する条件のもとで適用されるべきものである．硫黄，酸素が界面をとおして移行している状態のもとでは，液滴界面の界面活性成分濃度が不均一になることは十分に考えられる．その場合，強いマランゴニ対流の生起によって，液滴の変形することが予想される（図 2.10 および後述の表 2.1 参照）．この変形の程度が大きい場合，ラプラスの式 (2-61) を用いて得られる界面張力の「低下現象」はおもに，マランゴニ対流によって生じる滴の歪みに起因したみかけ上のものにすぎないことになる．

iii) ぬれ性（接触角）
《時間的変化》

液滴/固相間のぬれが反応を伴う場合の θ の時間的変化をみてみよう．図 2.22[22] は Al_2O_3 基板上に Cu+9.5 at% Ti 合金滴を滴下した場合の θ の経時変化を示したものである．図 2.22 に示す I～Ⅲ の時期は次のように考えることができるであろう[22]．接触初期，滴の変形が非常に速い場合には，液滴/セラミックス/気相の 3 相境界での力学的平衡が成立していない時期，すなわち，流動抵抗が θ の時間的変化を律速する時期 I が現れる．変化が遅くなると，液滴－セラミックス間の反応速度により θ が律速される時期 Ⅱ が現れる．この場合，系は熱力学的非平衡状態にあるが，3 相境界で力学的平衡は成立しているとみなせる．高温度の場合，一般に化学反応速度は速いので，拡散などの物質移動速度が反応の律速となる場合が多い．熱力学的平衡状態になると，θ はもはや時間により変化しなくなり，一定の値を示すようになる（時期Ⅲ）．

なお，金属液滴－セラミックス系でも，両相間に物質移動がある場合，界面張力の場合と同様，γ^{ls} が低下し，θ に影響を与えるという報告[23]

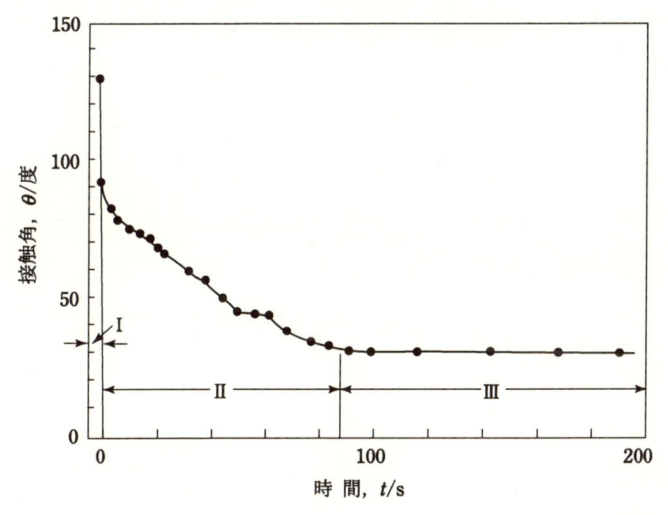

図 2.22 真空中, 1085℃での Cu-9.5% Ti 合金とセラミックス基板との接触角の時間依存性[22]

があるが、この点については実験、理論の両面からのさらなる検討が必要と思われる．

液滴/固相間界面に化学反応によって、化合物が生成した場合、その系のぬれ性は界面に生成した化合物（図 2.22 では、TiO の生成）と液滴との間のぬれ性になる．

生成化合物の表面の性状など、生成反応によって表面の物理的性状が変化する場合、たとえば酸化物表面が粗くなったり[24]，反応生成物が溶融金属面を覆って殻を形成したり[25]，あるいは拡がりの先端面に反応生成物が析出して拡がりを阻害する[26],[27] 場合、この面からの θ への影響も考慮しなければならない．

《ヒステリシス》

図 2.23 に示すように、固相面を傾けていった場合、液滴がすべり落

ちる前面にできる接触角 θ_a は大きく，後退する部分の接触角 θ_r は小さくなることがしばしば観察される．θ_a を前進接触角，θ_r を後退接触角と呼び，接触角はこの二つの極限値 θ_a と θ_r の中間の任意の大きさの角を条件次第でとりうる．これらの性質をぬれのヒステリシスと呼んでいる．熱力学的平衡状態では系の状態が決まればそれに対応して系は一つの値 θ を持つはずである．ぬれのヒステリシス現象は，条件次第で θ が任意の値をとりうるから，その意味ではマクロ的に，あるいはみかけ上，非平衡状態のぬれに分類できるであろう．

　ヒステリシスの機構について，現在までに提出された主な説としては，①摩擦説[28]，②吸着説[28]，③粗面説[28]，④不均一表面説[29] などがあげられる．ぬれのヒステリシスは実際にはこれらの因子が重なりあったものとして，説明されるべきものと考えられている[28]．

　ぬれには γ^s, γ^{ls} などの固体の表・界面が関与していること考慮すると，さらに⑤表面応力説がつけ加えられるかもしれない．すなわち図 2.23 の右側3相境界では固体表面が引張られ，固相表面の表面応力は増加し，固液界面は圧縮されるので，界面応力は減少する可能性がある（2-2-2 の vi）参照）．その結果をヤングの式 (2-84) にあてはめれば接触角 θ の減少することが容易にわかる．左側の3相境界でも，θ の

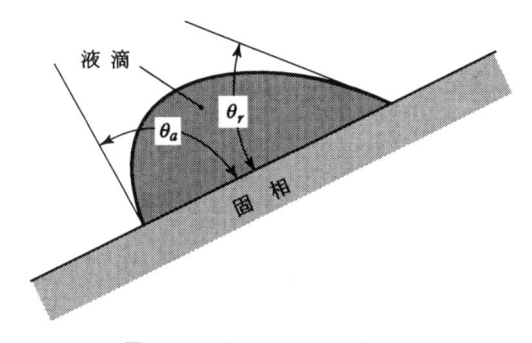

図 2.23　ぬれのヒステリシス

増加を同様に説明できる．

現実の問題としては θ_a, θ_r の値そのものが必要になる場合がある．たとえば酸化物系耐火物への溶鋼やスラグの浸透現象（速度）を調べるには θ_a が，また非金属介在物が溶鋼から表面に浮き出る初期の状態の解析には θ_r が必要になるであろう．測定に際しては，以上の事柄を考慮に入れて，目的に沿う条件下での測定値を得るよう心掛ける必要がある．

2-5-2 界面現象

実際に生起し，観察される界面現象は厳密には熱力学的に非平衡の状態にあるものがほとんどであり，しかもそれらは学問，実用（4章参照）の両面で重要な，また興味ある現象が多い．しかしこれらの現象をよく理解し，かつ定量的に記述するには，現在まだ未解明の事柄も多く，2-4 の平衡状態の界面現象のように，系統的に整理して述べるまでには至っていないのが現状である．いきおい，現象の個別的説明になりがちであり，工学的色彩が強くなる．本項では，いくつかの非平衡状態の界面現象をとりあげ，その基本部分を簡単に紹介する．

i）核生成速度

核生成速度は，いうまでもなく非平衡状態の界面現象であり，現実におこる核生成を取り扱ううえで平衡論（2-4-4 参照）とともに車の両輪をなすものである．ここでは現在よく引用される均質核生成速度論の基礎事項を簡単に紹介する．

温度 T の β 相中で過飽和状態にある成分 1 が α 相の臨界核を単位体積，時間あたり I 個生成する場合を考えてみよう．核生成は，準定常状態のもとで進むものとし，臨界核は，β 相中の胚を食うことによっ

て生成，成長してゆき，核生成相となり，最終的には巨容相になる．このプロセスを記述する式として，凝縮相系に対しては通常，式(2-173),(2-174)式がよく用いられる[30),31)]．

$$I = A\exp\left(\frac{-\Delta F_g}{k_B T}\right) \quad \cdots\cdots (2\text{-}173)$$

$$A = n_g \left(\frac{\gamma^{\alpha\beta}}{k_B T}\right)^{1/2} \left(\frac{2v_1^{\alpha,\circ'}}{9\pi}\right)^{1/3} n\left(\frac{k_B T}{h}\right) \quad \cdots\cdots (2\text{-}174)$$

ここで，n_g は臨界核表面の分子（原子）数で，式(2-175)で表される．$v_1^{\alpha,\circ'}$ は核生成によって生じたα相の1分子（原子）の体積であり，式(2-176)で与えられる．n は母相βの1モルあたりの成分Iの分子（原子）数，k_B はボルツマン定数，h はプランク定数である．

$$n_g = \frac{4\pi r_g^2}{\left(\dfrac{M_1}{\rho_1^{\alpha,\circ} N_A}\right)^{2/3}} \quad \cdots\cdots (2\text{-}175)$$

$$v_1^{\alpha,\circ'} = \frac{M_1}{\rho_1^{\alpha,\circ} N_A} \quad \cdots\cdots (2\text{-}176)$$

ここで M_1 は成分1の分子量，$\rho_1^{\alpha,\circ}$ は成分1のα相の密度，N_A はアヴォガドロ数である．

ii) マランゴニ効果

2-3-3 で述べたマランゴニ効果は，非平衡状態の典型的な界面現象であり，別に「動的界面現象」と名づけるのが適切かもしれない．

マランゴニ対流の特徴は，表2.1[32)]に示すように最大流速が界面にあり，また，重力場で生じる密度対流と比べた場合，体積が小さくなるほど，あるいは液膜のような薄い液体になるほど生じやすいことである．このことは，マランゴニ対流生起の目安とされるマランゴニ数（式(2-63),(2-64)）に含まれる代表長さLの項が1乗であるのに対して，密度対流生起の目安となるレイリー数（表2.1）にはL^3の項が含まれていることからも理解できる．さらに，マランゴニ対流では，界面の凸部が吸い込み点にあるのに対して，密度対流ではそれがわき出し点にある．マランゴニ対流と密度対流の判別は地上では一般に難しいが，界面の凹凸とその部位での流動（吸い込み，わき出し）形態が対応できれば，二種類の対流の有力な判別の手法になるであろう＊．

マランゴニ対流は，一般に界面で激しい撹乱運動の様相を呈する．

表 2.1 マランゴニ対流と密度対流 [32)]

名　　称	マランゴニ運動 マランゴニ対流	レイリー運動 密度対流
俗　　称	界面撹乱	自然対流
推　進　力	界面上の張力差	浮力（密度差）
界面の凸部	吸い込み点	わき出し点
最　大　流　速	界面	内部
対　汚　染	極めて鋭敏	ほとんど影響なし
無　次　元　数	マランゴニ数 Ma 式(2-63), 式(2-64)	レイリー数 Ra $= g(\rho_i - \rho_0) L^3 / D\eta$

ρ：密度，L：液膜厚さ，η：粘度，D：拡散係数，g：重力加速度，添字$_i$は界面，添字$_0$は深さLの位置での値を示す．

＊人工衛星内などの無重力下では，密度対流が消滅するので，このような無重力環境利用によるマランゴニ対流の研究が最近盛んに行われるようになってきている[33)]．

この状態を普通,界面撹乱と呼んでいる.界面撹乱による運動は,界面に形成される濃度境界層を含む界面付近で最も活発になるので,物質移動速度を著しく増大させる.高温融体を含む不均一系の反応速度は,一般に,物質移動律速の場合が多いので,マランゴニ対流はこれら不均一系の反応速度を増大させる方向に働く*.後述(**4-1**)のガス-メタル,スラグ-メタル,スラグ-メタル-耐火物の各反応系に具体的にその例を見ることができる.しかもこの不均一系反応速度へのマランゴニ対流の関わり方は,工学特に材料プロセッシングの現実と深く結びついている.

iii) 分散

一般に一つの相が粒子状態として他の相中に分散されている系を分散系といい,粒子を分散質又は分散相,媒質となっている他の相を分散媒という.分散系は分散粒子の大きさにしたがって次の3種類に分けられる.すなわち①巨視的(粗大)分散系,②膠質分散系,③分子分散系である.③は真溶液であるのでここで取り扱うのは①,②の分散系に限る.①,②の区別はあまり明瞭でなく,便宜上同じに考えることにする.分散系は分散質-分散媒の組合せによってそれぞれ気-液の場合が泡,液-液の場合がエマルジョン,固-液の場合がサスペンジョンと呼ばれる.分散系では分散質と分散媒との間に界面張力が存在するから,分散によって相内部の自由エネルギーに変化が生じない限り,分散過程で界面積が増大し,系の全自由エネルギーが増す.それゆえ,分散系は熱力学的には非平衡の状態(図 2.14)[16]にある.こうした分散系をつくるには,図 2.14 の ΔF^s すなわち分散によって増加

---

* **2-3-3** で述べたように,マランゴニ効果により,逆に界面流動が妨害される場合もありうる.この場合には,物質移動速度は低下する[13].

した界面自由エネルギーに加えて，実際には速度論的因子を考慮に入れた図 2.24[16] に示す駆動力としてのエネルギー (driving energy) 以上のエネルギーを系に加える必要がある．このエネルギーの供給源としては，分散相，分散媒間の密度差すなわち重力，機械的撹拌，印加電圧，あるいは著者らが提唱している界面張力勾配 (**4-2-3**) 等があげられる．一方生成した分散粒子は，互いに集まって界面積の小さいもとの状態に戻ろうとする．例えば図 2.24 の場合には，β 相粒子が β 相本体に自然に吸収されていく状態にある．それゆえ，分散系を長時間持続させようとする場合には，分散系の「安定性」が問題になる．図 2.24 の駆動力としてのエネルギー，driving energy が大きい程，安定性は高くなる．driving energy はいわゆる分散相の消滅過程のポテンシャルエネルギーとみなすことができ，このエネルギー源としては粒子の運動で発生する粒性抵抗力，電気 2 重層，サフマン (Suffman) 力 (揚力の一種)，ファン・デル・ワールス (van der Waals) 力等が考えられる．

$$\Delta F^s = \Delta F_a^s + \Delta F_b^s$$

α相中の微粒子

driving energy

energy

ΔF^s (図14)

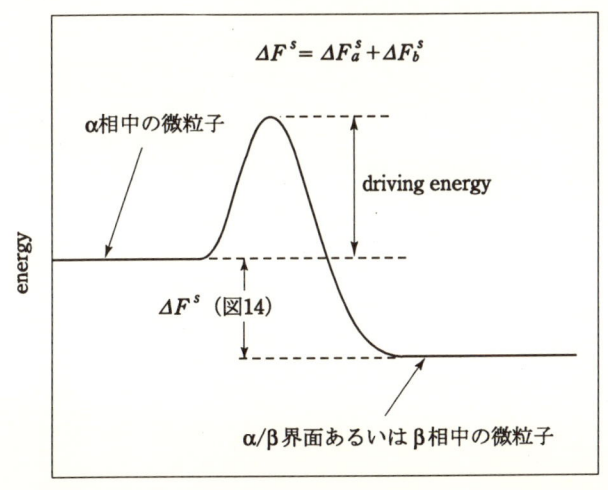

α/β界面あるいは β 相中の微粒子

図 2.24　分散系の生成，消滅プロセスの熱力学的および速度論的模式図[16]

《泡》

　液相中の気体分散系は泡であるが，これをさらに細かく分類すれば，気泡 (bubble)，泡沫 (foam)，分散気泡 (dispersed gas) になる．気泡は液相中に存在する，または液相の薄い膜で囲まれた気相の独立粒子である．分散気泡と泡沫の区別を文献に基づいて，室温での例を含め表 2.2[34] に示す．両者の根本的な違いは分散気泡では個々の気泡は独立で，その移動に対する分散媒の粘性が主な役割を果たすのに対して，泡沫では気泡は薄膜で覆われた多面体となり，その挙動は薄膜の性質によって支配される．したがってたとえば外力を系に加えると泡沫では薄膜の破壊によって系は不安定化するが，分散気泡系では気泡の微細化によってかえって系は安定化される．

《エマルジョンとサスペンション》

　エマルジョン，サスペンションも工学的にはその安定度が重要な問題となる．本来これらの分散系は熱力学的に非平衡の状態にあるから，

表 2.2　泡沫と分散気泡の区別 [34]

	泡　　沫	分散気泡
説　明	気泡が集まって互いに薄い液体または固体膜で隔てられた状態	多数の気泡が液体または固体中に浮かんだもの
相違点	薄膜集合系 薄膜の安定度が系の安定度を支配する． 薄膜破壊は安定度を低下する． 起泡剤 消泡（泡膜破壊）	気泡集合系 液の粘性と気泡の運動が安定度を支配する． 気泡の破壊は分散度を上昇させる． 発泡剤 消泡（気泡上昇分離）
実　例	石ケンの泡 ビールの泡	軽石，泡沫コンクリート，気泡析出による液の濁り，スポンジ，サイダー，ソフトクリーム

その安定度とは分散系が破壊されて真の平衡状態に達するまでの一種の緩和時間のごときものといえる．このようなエマルジョン，サスペンジョンの破壊に要するエネルギーはマクロ的には，図2.24のdriving energyとして表される．この破壊過程をよりミクロ的に見れば，一つは粒子の融合によるとともに，他方，二つの液相が互いに他を排除して集まり，それぞれが連続な一つの相に集合しようとする過程，すなわち排液によるものである．融合は凝集と合一の2段階を経て行われる．凝集は，ブラウン運動または重力による運動で液滴が接近したとき，液滴間に引力が作用して付着する（ある界面膜をへだてて）現象でサスペンジョンにもみられる．合一とは凝集している液滴間の界面膜が破壊し，ふたつの液滴が一つに融合する現象で，サスペンジョンでの粒子の融合と同様な現象である．クリーミングは排液が合一に優先しておこる現象である．クリーミングとは生成したエマルジョン中の液滴が，分散媒との比重差によって上方に浮上，または下方に沈積する過程およびその結果生じる分離状態をいい，サスペンジョンの沈降，浮上はこれに類似した現象である．エマルジョンをコントロールするには，これらの過程を促進あるいは妨害する因子をよく理解する必要がある．それらの諸因子を室温の研究例を中心に文献に基づいてまとめたのが表2.3[35]である．

　以上，おもに室温での研究例を中心に，分散の基本事項述べた．4章で，その具体例を簡単に述べるが，今日例えば鋼精錬プロセスでは，溶鋼へのアルゴンガスや粉末の吹き込みが多様な形で行われており，それによって生じるメタル−スラグ−気相の3相よりなる分散系の取り扱いは実用上の重要性も大きい，また溶鋼の脱酸プロセス特に強制脱酸における非金属介在物の生成，除去プロセスは，核生成とそれに続く微粒子の凝集，合一，分離の過程を経るので分散現象が深く関わ

表 2.3 エマルジョン粒子のクリーミング,凝集,合一に影響を及ぼす諸条件[35] [(+)…正の効果, (−)…負の効果]

	阻止因子	促進因子
クリーミング	分散媒の粘度増加	分散媒と粒子の比重差
凝集	電気二重層の相互作用 O/W(界面電位・二重層の厚さ,大きいほどよい) イオン性乳化剤(+) 無機電解質(−) 分散媒の粘度増加	遠距離ではブラウン運動 流体力学効果 昇　温(+) かきまぜ(+) 重　力(+) 遠心力(+)
合一	吸着膜の立体障害効果 W/O(吸着膜の厚さ・密度,大きいほどよい) 高分子物質(+) 吸着膜の粘性,弾性 高分子物質(+) 微粉体(−)	近距離では分散力作用 吸着膜(−) 吸着膜の脱着 高　温(+) 他成分の添加(+) 界面張力の増加

注)O/W:水中油型エマルジョン,W/O:油中水型エマルジョン

る.さらにスラグの泡立ち現象も重要な技術上の関心事項である.

本項 iii)の分散に関する一般的な記述は,おもに文献 34), 35) を参考にしてまとめた.

iv) 浸透

熱力学的には,式(2-86)から明らかなように,$\theta < 90°$ *の液体は多孔質の物体に自然に浸透し,固/液界面を濡らす.反対に$\theta > 90°$ *で

---

*孔径一定の毛管や,すき間の間隔が一定の平板間への浸透では,$\theta < 90°$ が浸透ぬれが自然におこるための接触角が満たすべき条件である.しかし,球形粒子が稠密充填された物体では理論的には$\theta < 50.7°$でないと自然には浸透しないとの報告がある[41].

は自然には浸透しない.

現実の浸透現象は,平衡状態に到達するまでの過程,すなわち浸透速度が問題になることがしばしばである.

濾紙,セルロースなどの多孔質物体への水,有機液体の浸透速度が次式 (2-177)

$$l^n = kt \qquad (2\text{-}177)$$

で示されることが,まず実験的に明らかにされた[36]. ここで l は浸透距離, k は定数, t は時間である. 単一毛管 (半径 r) 中への浸透では $n=2$ で

$$k = \gamma^1 \cos\theta \cdot \frac{r}{2\eta} \qquad (2\text{-}178)[37]$$

重力の場で垂直に浸透する場合には,浸透速度 dh/dt は

$$\frac{dh}{dt} = r^2 \frac{\dfrac{2\gamma^1 \cos\theta}{r} - \rho g h}{8\eta h} \qquad (2\text{-}179)[38]$$

浸透初期で静水圧 $-\rho gh$ が無視できる場合,上式の積分は,式 (2-177) の $n=2$ の場合と同じ形になる. h は浸透高さ.

実際の多孔質物体に対して簡単のために, $r_1, r_2 \cdots r_n$ の半径をもつ n 個の毛管からなる単純な構造の多孔質物体を考えると,液体の浸透によって置換される毛管の全体積 V は

$$V = k\left(\frac{t}{\eta}\gamma^1 \cos\theta\right)^{1/2} \qquad (2\text{-}180)$$

$$k = \frac{\pi}{\sqrt{2}} \sum_{i=1}^{n} r_i^{5/2} \quad\quad\quad\quad\quad (2\text{-}181)^{39)}$$

で示される．実際の多孔質物体は形状が複雑であり，式(2-180)でも現実の浸透現象を十分に説明することは期待できない[39]．浸透速度に関わる実際の多孔質物体の構造の複雑さを補正する形で，迷路係数(labrinth coefficient) ω が用いられることもあるが[40]，その場合には ω の見積り方が課題として残される．

スラグ，メタル等の高温融体の耐火物への浸透はとりわけ耐火物の寿命に深く関わる実用上の重要な現象である．ただ，この系の浸透においては，耐火物とスラグ，メタル間界面での吸着，反応等を考慮に入れる必要があり，現象はさらに複雑になる．しかも現象の観察そのものにも困難が伴なう．4-1-1のii)でそのようなスラグ，メタルの多孔質固体酸化物（耐火物）への浸透現象の研究の例を簡単に紹介する．

【参考文献】
1) E. A. Guggenheim: Trans. Faraday Soc., **36** (1940), 397
2) R. Defay, I. Prigogine and A. Bellemans: Surface Tension and Adsorption, John-Wiley Sons, N. Y. , (1966)
3) 小野 周：表面張力，物理学 One Point-9, 共立出版, (1980)
4) J. G. Kirkwood, I. Oppenheim 著（関 集三，菅 宏訳）：化学熱力学，東京化学同人, (1965), 159
5) S. Ono and S. Kondo: Molecular Theory of Surface Tension of Liquid. Handbuch der Physik X, Springer-Verlag, (1960)
6) A. S. Skapski: J. Chem. Phys., **16** (1948), 389
7) C. Herring: Structure and Properties of Solid Surfaces, ed. R. Gomer, C. S. Smith, Univ. Chicago Press, (1953)
8) 新居和嘉：日本金属学会報, **13** (1974), 321

9) R. Brückner: Glastech. Ber., **53** (1980), 77
10) J. Thomson: Phil. Mag., Ser. **4, 10** (1855), 330
11) C. G. M. Marangoni: Ann. Phys., **143** (1871), 337
12) F. D. Richardson: Can. Metall. Q., **21** (1982), 111
13) 佐野正道, 森 一美:鉄と鋼, **60** (1974), 1432
14) C. V. Sternling and L. E. Scriven: A. I. Ch. E. Journal, **5** (1959), 514
15) 例えば, 近澤正敏, 田嶋和夫:界面化学, 丸善, (2001), pp 32-33
16) K. Mukai, T. Matsushita and S. Seetharaman: Metal Separation Technologies III, Copper Mountain, Colorado, USA, Helsinki Univ. of Technology, (2004), 269
17) J. Brillo, G. Lohofer, F. Schmidt-Hohagen, S. Schneider and I. Egry: Int. J. Materials and Product Technology, **26** (2006), 247
18) A. Passerone, E. Ricci and R. Sangiorgi: J. Mater. Sci., **25** (1990), 4266
19) A. A. Deryabin, S. I. Popel and L. N. Saburov: Izv. Akad. Nauk SSSR, Metal., (1968), 5, 51
20) A. A. Zhukhovitskii, V. A. Grigoryan and E. Mikhalik: Dokl. Akad. Nauk SSSR, **155** (1964), 392
21) 向井楠宏, 古河洋文, 土川 孝:鉄と鋼, **60** (1974), A7
22) J. G. Li: J. Mater. Sci. Lett., **11** (1992), 1551
23) I. A. Askay, C. E. Hoge and J. A. Pask: J. Phys. Chem., **78** (1974), 1178
24) 向井楠宏, 坂尾 弘, 佐野幸吉:日本金属学会誌, **31** (1967), 923
25) 例えば, D. A. Weirauch: Role of Interfaces, ed. J. A. Pask and A. G. Evans, Plenum Press, (1987), 329
26) W. M. Armstrong, A. C. D. Chaklader and D. J. Rose: Trans. Met. Soc. AIME, **227** (1963), 1109
27) A. P. Tomsia, E. Saiz, S. Foppiano and R. M. Cannon: High Temperature Capillarity, Cracow, Poland, (1997), 59
28) 日本化学会編:実験化学講座 7, 界面化学, 丸善, (1956), 72
29) R. E. Johnson Jr. and R. H. Dettre: Surface and Colloid Science, Vol. 2, ed. E. Matijevic, Wiley-Interscience, (1969)
30) D. Turnbull and J. C. Fisher: J. Chem. Phys., **17** (1949), 71
31) J. H. Hollomon and D. Turnbull: Progress in Metal Physics, Pergamon Press, London, **4** (1953), 342
32) 藤縄勝彦:日本機械学会誌, **87** (1984), 1286

33) 例えば，T. Hibiya, S. Nakamura, T. Azami, M. Sumiji, N. Imaishi, K. Mukai, K. Onuma and S. Yoda: Acta Astronautica, **48** (2001), 71
34) 佐々木恒孝：界面現象の基礎（佐々木恒孝，玉井康勝，久松敬弘，前田正雄編），表面工学講座3, 朝倉書店, (1973), pp155-202
35) 北原文雄：界面現象の基礎（佐々木恒孝，玉井康勝，久松敬弘，前田正雄編），表面工学講座3, 朝倉書店, (1973), pp41-71
36) J. M. Bell and F. K. Cameron: J. Phys. Chem., **10** (1906), 658
37) R. Lucas: Koll. Z., **23** (1918), 15
38) E. D. Washburn: Phys. Rev, XVll (1921), 273
39) V. N. Eremenko and N. D. Lesnik: The Role of Surface Phenomena in Metallurgy, ed. V. N.Eremenko, Consultants Bureau Enterprises, Inc., (1963), 102
40) 李祖樹，向井楠宏，陶再南，大内龍哉，佐坂勲穂，飯塚祥治：耐火物, **53** (2001), 577
41) G. Kaptay and D. M. Stefanescu: AFS Trans., **213** (1992), 707

3章　高温融体の界面性質

　本章では，高温融体すなわち溶融金属，溶融スラグの表面張力，両相間の界面張力および上記高温融体とセラミックス，耐火物間のぬれ性などの界面性質について概観する．

　上記界面性質は高温融体の理解を深め，そのことをとおして工学上の技術課題を解決してゆく上での重要な基礎資料になりうる．しかし，高温融体の界面性質の測定には，高温融体の物理化学的性質の測定全般についていえることでもあるが，被測定系融体と容器，雰囲気との反応，さらには温度制御等に起因する多くの困難が伴う．そのうえ，界面性質の測定では，後述のように，強い界面活性成分の存在とそれによる界面の汚染が容易に生じるので，その制御が難しく，測定の困難さをさらに大きくする．

　そこでまず，データブック，論文などに報告されている測定値を，実際に使用するにあたって留意しておくべき事柄，特に測定値の不確かさを具体的に認識して頂くための一助として，測定の難しさを例をあげて説明する．

　次にそのような測定値をもとにしたものであるが，高温融体系の界面性質を概観する．紙数の制限もあり，鉄鋼製錬系の融体を中心に，定性的な記述に留める．

　最後 (3-4) に，筆者の目にとまった限りで，適切と思われるデータ

ブック,レビュー等を紹介する.

3-1 測定値についての留意事項
3-1-1 測定誤差等

まず報告されている資料をもとに,測定誤差をよく吟味する.偶然誤差(測定値のばらつき)と系統誤差(測定原理,測定装置そのものに起因する誤差,例えば長さを測る際のものさし自体の目盛りの誤差など)の大きさを可能な限り,定量的に評価する.

次に,その値がどのような条件のもとで測定されたのかを確かめ,自分の使用目的に合った,より適切な値を用いるよう心がける.この点については,前章(2章)が少しでもそのことの判断の助けになれば幸いである.可能ならば使用目的に合った条件のもとでの値を,自ら実験により求め,その値を使用するのが望ましい.得られた測定値それ自身,高温融体の界面性質の解明に資することになる.

3-1-2 測定の難しさ
ⅰ)メタルの表面張力

溶融純鉄(溶鉄)の表面張力の測定値をとりあげてみよう.

図3.1[1]に示すように溶鉄の表面張力の測定値は,測定年代が新しくなるにつれて大きくなっている.この結果については,年代が新しくなるとともに溶鉄の純度が良くなり,大きな測定値が得られようになったとの説明がなされている[1].さらにほぼ同一年代の測定値でも測定者間の相違が大きい.この事実からも,試料の純度(組成),測定法に起因する系統誤差と,測定の際の各種操作上の不正確さ等に起因する偶然誤差(液体金属での測定に多用されている静滴法で約±3%)の大きさが実感できる.

3章 高温融体の界面性質

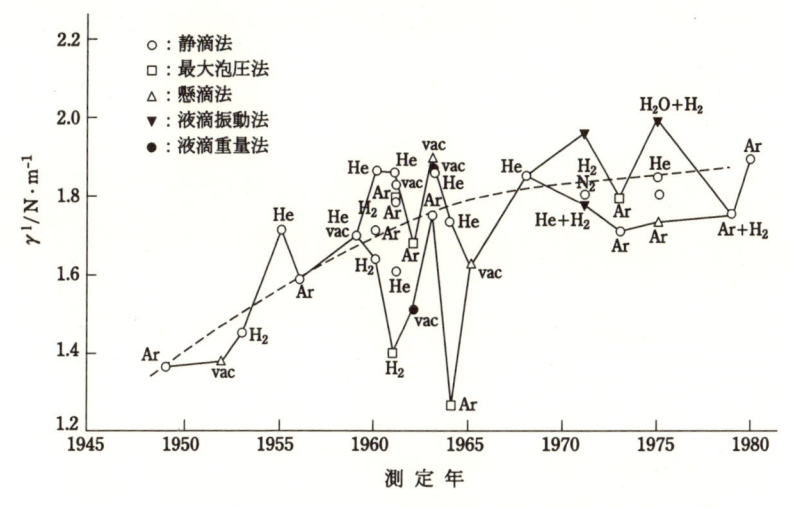

図3.1 溶鉄の融点近傍における表面張力測定値と測定年代 [1]

○：静滴法
□：最大泡圧法
△：懸滴法
▼：液滴振動法
●：液滴重量法

　組成に起因する誤差の中でも，酸素，硫黄等の強力な表面活性成分の濃度には特に注意を払う必要がある．図3.2 [2] にFe-O系の表面張力の測定結果を示す．定性的には表面張力の酸素濃度依存性が非常に大きいことが明らかであるが，定量的にみると，測定者間の相違がここでも著しく大きい．

　次に，図3.2 [2] の測定値の中で，使用目的に合った適切な値を選ぶことを考えてみよう．

　まず測定法として静的測定法（代表例の一つが静滴法）か，動的測定法（代表例の一つが液滴振動法）かの識別をする．次に測定装置，方法の検討，すなわち測定原理（方法）に基づく誤差の検討，液体金属と容器，雰囲気との反応性，測定前後の試料の組成の分析結果，原理に沿った合理的測定手順，等が明確に示されているかどうかを確認する．特に雰囲気中の酸素分圧のその場測定（最近では固体電解質センサーを用いることにより比較的容易に測定できる）がなされている

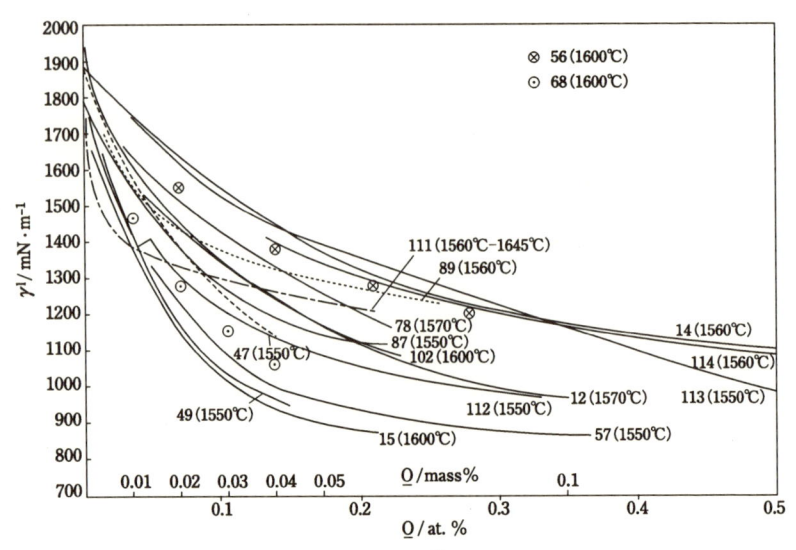

図 3.2 Fe-O 融体の表面張力の測定結果[2)]
図中，温度の左側の数字は Keene のレビュー[2)]における文献番号であり，種々の測定者の結果であることを示す．

ことが望ましい．

ii) スラグの表面張力

溶融スラグでは，鉄鋼製錬スラグにみられるように，溶融金属の場合のような強い表面活性成分は見出されておらず，試料の組成に起因する誤差は，溶融鉄合金の場合のように大きくはない．溶融スラグの表面張力の測定には，静滴法と最大泡圧法が多用されている．静滴法では液滴の支持台となる材料の選択に制約がある．すなわち，黒鉛との反応が無視できるスラグ組成では，一般に，液滴との接触角も大きいので，測定精度も高くなり，黒鉛が支持基板として適している．しかし，酸化鉄等易還元性の成分を含むスラグでは，反応による組成の変化ばかりでなく，気泡（CO）が発生するので測定が難しくな

る．その場合，白金あるいは白金ロジウム等の支持基板が用いられるが，一般に白金合金とスラグの接触角は，90°以下であり，このような系に静滴法を適用すると測定誤差が著しく大きくなる[3]．最大泡圧法では測定原理上，スラグとのぬれ性の良い白金合金を毛管に用いることができ，比較的広範囲の組成のスラグの表面張力測定に適用できる．しかし最大泡圧法で発生するといわれている系統誤差[4]の解明は未だ十分になされていない．また最大泡圧法は，原理的には動的測定法に分類されるものである．十分な静的状態での測定が広範囲の組成のスラグにわたって可能な測定法の開発が待たれる．静的状態により近いと考えられる測定法としては，浸漬円筒法が報告されているが[5]，装置の複雑さ，系統誤差等の問題もあり，多用されるまでには至っていない．他にも静的状態での測定法開発の試みは報告されている[6]～[8]が多くの測定者に使用されるまでには至っていない．

iii) スラグ／メタル間界面張力

スラグ／メタル間界面張力の測定では，メタル，スラグの表面張力測定それぞれの持つ困難さが基本的に重畳する形で加わる．すなわち，メタルにおける表面活性成分の制御の困難さとスラグにおける支持基板との反応の抑制の困難さなどである．

界面張力の測定に多用されているのは，るつぼにスラグとメタル（滴）を入れ，X線透過装置により，スラグ中のメタル滴の形状を撮影して界面張力を求める，いわゆる静滴法である．しかし，スラグ，メタル両相に対する反応性（例えば溶解度）が十分に小さいるつぼ材質は特別な条件下のものを除いては一般に存在しない．それゆえ，スラグ／メタル間界面張力の測定には，るつぼ材と両相間の反応が多かれ少なかれ影響する．使用目的にできるだけ合うるつぼ材の選択が重要

になる.

実際に滴の形状を撮影してみるとわかることであるが, X線の透過能(解像度)の限界などもあり, メタル滴の形は, 表面張力測定における光学的撮影の場合に比して著しくぼけたものしか得られず, メタル滴の形状測定の際の誤差が非常に大きくなる.

るつぼ材との反応を避けうる測定法としては, 大きなメタル滴上にスラグ滴を接触させ, その接触角を測定することにより, 界面張力を非平衡状態から平衡状態に至るまで測定する方法が報告されている[9),10)]. しかし本法では, スラグとメタルの表面張力を別途に知る必要があり, そこに含まれる誤差を考慮せねばならず, 多用されるまでには至っていない.

スラグ/メタル間界面張力の測定値の取り扱いについての重要事項は, すでに **2-5-1** の ii)で述べたが, 平衡状態, 非平衡状態の判別とともに, 測定された値の持つ意味をよく理解して使用する必要があろう.

iv) ぬれ性(接触角)

ぬれ性を示す定量的尺度として, 接触角 θ, およびぬれに際しての界面自由エネルギー変化 w_s, w_i, w_a を **2-4-2** の ii)で紹介した.

接触角 θ はぬれ性の直感的な尺度として, 実用上もよく用いられる. ただ, 高温融体と固相とのぬれには, ほとんどの場合多かれ少なかれ反応が伴なう. また固相表面も滑らかなものは少ない. ぬれのヒステリシスについても注意を払う必要がある. 接触角についての上記の事柄はすでに **2-5-1** の iii)に述べたので参考にしていただきたい. それゆえ, とりわけ, 接触角の測定値については, 使用に際して, どのような条件のもとで測定された値であるのかを, 十分な注意を払って確かめ, 目的に合ったより適切な値を選ぶよう努める必要がある.

接触角 θ の測定はふつう，①図 2.13 の気／液／固の 3 相境界にできるだけ近いところで液滴表面に沿って接線を引き θ を求めるか，②液滴の形状をラプラス式をもとにシミュレーションにより求め，液滴の下部が固相基板に接するところでの θ を求める方法が用いられる．①の方法は古くから用いられてきたが，主観的誤差がどうしてもつきまとう．②の方法は液滴表面の多数の測定点をもとにして形状を求める方法であるので，①の問題点は基本的に解消される．しかし実際には，基板表面の水平線を実験技術上明瞭に撮影することが難しく，水平線の位置をどこに定めるかによって θ の値が変わる．特に θ が $180°$ に近くなるにつれてその誤差が大きくなる．

以上に述べたように，界面性質の測定にはさまざまの困難がつきまとう．しかしこのような困難を伴う測定に対して，これまでに多くの研究者が挑戦し，貴重なデータが集積されてきた．本節では，測定値の問題点，不十分さを強調したきらいはあるが，使用に際しては実用，学問の両面において，その使用目的に照らし合わせて，たとえ十分とはいかないまでも，これらの貴重な結果を大胆に使用していただきたい．ただしそれらの測定値を用いて得られた結果の解釈については，十分に慎重であるべきであろう．

3-2 表(界)面張力
3-2-1 メタルの表面張力

液体金属の表面張力は，表 3.1 [11)] に示すように，他の各種液体，すなわち，スラグ，塩，水，有機物などの液体に比べて一般に，最も大きい．スラグ，溶融塩の表面張力は溶融金属より小さいが，水，有機物液体よりは大きい．表面張力は 式(2-43) に示されるように，内部エネルギーに相当する項 u^s を含み，しかもこの項の表面張力への寄与は

表3.1 種々の物質の表面張力 [11]

物 質	表面張力, $\gamma^l / N \cdot m^{-1}$	温度/K
金属		
Ni	1.615 in He	1743
Fe	1.560 in He	1823
Ca	0.600	773
共有結合		
FeO	0.584	1673
Al_2O_3	0.580	2323
Cu_2S	0.410 in Ar	1403
スラグ		
$MnO \cdot SiO_2$	0.415	1843
$CaO \cdot SiO_2$	0.400	1843
$Na_2O \cdot SiO_2$	0.284	1673
イオン結合		
Li_2SO_4	0.220	1133
$CaCl_2$	0.145 in Ar	1073
CuCl	0.092 in Ar	723
分子性		
H_2O	0.076	273
S	0.056	393
P_4O_6	0.037	307
CCl_4	0.029	273

大きい（後述p.96）．液体の内部エネルギーは結合エネルギーと密接な関係があり，上記各種液体の表面張力の大きさは，それぞれの液体の結合様式すなわち，金属結合（溶融金属），共有およびイオン結合（溶融スラグ，塩），ファン・デル・ワールス結合（分子液体）の強さを反映したものと考えることができる．

2-2-2 のiv)の図2.4に示すように，絶対零度に外挿した各種液体金属の表面張力と蒸発熱との間には直線関係があり，その勾配は1/4より少し小さい．各種金属の融点における表面張力と蒸発熱との間

にも，直線関係が見出されているが，その場合の勾配も 0.17 となり 1/4(0.25) より小さい[12]．しかし，融点における $\gamma_m - T°_m(\mathrm{d}\gamma/\mathrm{d}T)$ ($= u^s$, 式 (2-43) 参照) と，$(\Delta h_{m,vap} - RT_m)/(v_m^{2/3} \cdot N_A^{1/3})$ を各種金属の融点においてプロットすると，図 3.3 に示すような結果が得られる（添字の m は融点での値を示す）．両者間の直線の勾配はより 1/4 に近い値 (0.22) になり，液体金属が面心立方構造に近いとされていること，すなわち式 (2-46) の $\gamma_{mol} \fallingdotseq (1/4)\Delta h_{vap}$ の関係とよく符合する．

2 成分系以上の合金の表面張力も，これまでにかなりの測定がなされてきた．しかし，それらを系統的，総合的に収録したデータブックは筆者の知る限り見当たらない．それらのデータが必要な場合，とりあえずは **3-4** のデータブック，レビューを参照することからはじめていただきたい．

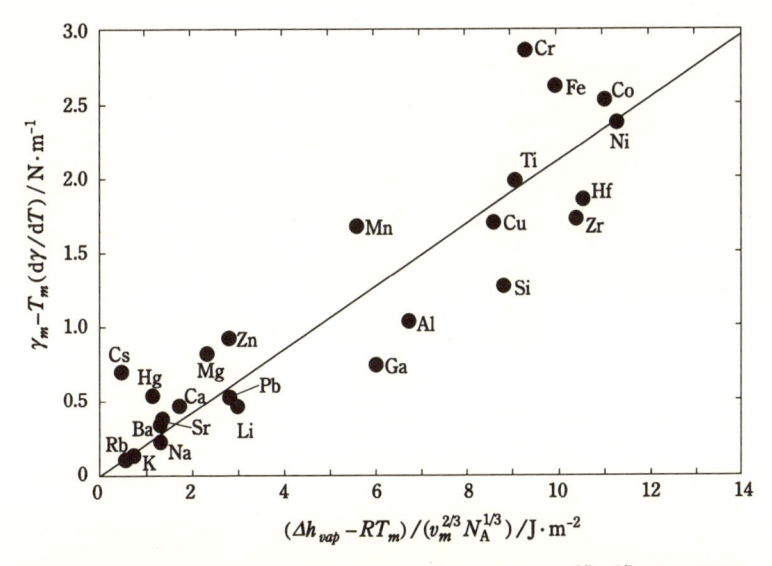

図 3.3 液体金属の $\gamma_m - T_m(\mathrm{d}\gamma/\mathrm{d}T)$ と $(\Delta h_{vap} - RT_m)/(v^{2/3}N_A^{1/3})$ との関係　記号の m は融点での値を示す．

ここでは，2成分系鉄合金について，溶質が低濃度の場合の表面張力の挙動をまとめた表3.2[2)]を紹介するに留める．表3.2から明らかなように，酸素，硫黄が非常に強い表面活性成分であることがわかる．さらに，チッ素，あるいは合金成分でも，Sb, Se, Te, Sn, Y等は，スラグ，水溶液の各種溶質成分に比較して，著しく強力な表面活性成分であることがわかる．

鉄合金に限っていえば，鋼精錬プロセスでは，鉄を溶媒とする多成分系低濃度合金の表面張力の値が重要である．しかし，このような希薄多成分系溶液の表面張力を見積る方法で，実用に耐えうるものは未だ開発されておらず，その都度測定しなければならないのが現状である．

ところで，多成分系低濃度合金の溶質成分の活量係数の見積り法としては，すでに相互作用母(助)係数を用いて，溶質成分の濃度のべき乗の函数として表す方法が広く用いられている[13)]．希薄多成分系溶液の表面張力の見積り法を考えるうえで，一つの参考例になると思われる．

純粋液体の表面張力の温度係数は通常負の値を持つ．この場合の表面エントロピーs^sは式(2-47)から明らかなように正の値になる．$s^s>0$の意味するところは，表面における原子(分子)の配置状態が内部のそれより乱れた状態にあるということである(式(2-4)参照)．

式(2-43)に示すエントロピー項Ts^sを，溶鉄について見積ると，$-700\,\mathrm{mN/m}$となる．この場合の表面張力の温度係数の値としては，Keeneのレビュー[2)]にまとめられた最近の測定結果を平均した値 $d\gamma/dT \fallingdotseq -0.40\,\mathrm{mN/(m\cdot K)}$を用い，温度は1823 Kとした．温度1823 Kでの溶鉄の表面張力の平均値を，同じくKeeneのレビュー[2)]をもとに同様に見積ると約1800 mN/mとなり，エントロピー項の絶対値

表 3.2 溶鉄中溶質 (i) の表面活性の度合い
(surface activities : $mN \cdot m^{-1} \cdot [at\% i]^{-1}$)

溶質 (i)	概略の surface activities ($mN \cdot m^{-1} \cdot [at\% i]^{-1}$) の平均値	surface activities の平均値の概略の濃度範囲 (at%)
Al	-18	0 – 10
Sb	-2200	0 – 0.1
As	-540	0 – 1
B	-25	0 – 10
C	-4	0 – 10
Ce	0 または -1750	0 – 0.04
Cr	-7	0 – 10
Co	-2	0 – 10
Cu	-30	0 – 10
Ga	-30	0 – 10
Ge	-55	0 – 5
La	0 または -1500	0 – 0.4
Mn	-50	0 – 5
Mo	5	0 – 10
Ni	-2	0 – 20
N	-1400	0 – 0.1
O	-7490	0 – 0.03
P	-14	0 – 1
Pd	-17	0 – 5
Pt	-5	0 – 10
Rh	0	0 – 20
Se	-35000	0 – 0.01
Si	-13	0 – 5
S	-6310	0 – 0.05
Te	-190000	0 – 0.0025
Sn	-1630	0 – 0.15
Ti	0 または -230	0 – 1 / 0 – 0.25
W	0	0 – 5
V	+4	0 – 5
Y	-2200 または -6700	⋯ / 0 – 0.03
Zr	-1000	0 – 0.1

700 mN/m は,表面張力の値の 40%に相当する.この事実は溶鉄(もっと一般的には溶融金属)の表面張力を見積るに際しては,エントロピー項を考慮に入れる必要のあることを示すものといえよう.

溶鉄の表面張力の温度係数は,酸素,あるいは硫黄濃度の増加とともに負から正へと変化する.そのことが,溶接メタルプールの溶け込み形状に大きな変化をもたらす原因になる(後述の **4-2-1** の i)).しかし,液体シリコンでは,酸素が増加しても,飽和濃度に至るまで表面張力の温度係数は負の値を持つ[14),15)].この結果より,半導体材料のシリコン単結晶育成プロセスのチョクラルスキー法においては,シリコン融体の酸素濃度がたとえ増加しても,溶接メタルプールのような,液体表面の温度勾配に沿っての流れの逆転現象はおこりえないといえる.

3-2-2 スラグの表面張力

鉄鋼製錬プロセス等に使用されるスラグの主な酸化物成分の表面張力はおよそ 0.3〜0.6N/m であり[16)],それらの酸化物よりなるスラグの表面張力の組成による変化も,溶融金属のそれに比して小さい.このような溶液の表面張力の推算法として,次式 (3-1) に示す経験式がよく用いられる.

$$\gamma = \sum m_i J_i \quad \cdots\cdots\cdots\cdots\cdots\cdots\cdots\cdots\cdots\cdots\cdots\cdots\cdots (3\text{-}1)$$

ここで m_i は成分 i のモル%,J_i は成分 i の表面張力因子 (surface tension factor) と呼ばれるものである.Boni と Derge[11)] は既報の 1〜3 成分系酸化物融体の測定値をもとに,表 3.3 に示す表面張力因子を求めた.そして,この値を用いて SiO_2-Al_2O_3-CaO-MgO-FeO 5 成分系

表 3.3 酸化物の表面張力因子 [11]

酸化物	表面張力因子, J_i (mN·m^{-1})			スラグ系	濃度範囲 (mol%)
	1300℃	1400℃	1500℃		
K_2O	168	156		K_2O-SiO_2	33 – 17
Na_2O	308	297		Na_2O-SiO_2	49 – 20
Li_2O	420	403		Li_2O-SiO_2	46 – 29
BaO		366	366	BaO-SiO_2-Al_2O_3	50 – 34
PbO	140	140		PbO-SiO_2	83 – 33
PbO*	138*	140*		PbO	100
CaO		602	586	CaO-SiO_2	50 – 39
CaO		614	586	CaO-SiO_2	50 – 34
MnO		653	641	MnO-SiO_2	67 – 48
ZnO	550	540		ZnO-B_2O_3	67 – 52
FeO		570	560	FeO-SiO_2	77 – 60
FeO*		584*		FeO	100
MgO		512	502	MgO-SiO_2	51 – 46
ZrO_2		470**		Na_2O-SiO_2-ZrO_2	10 – 0
Al_2O_3		640***	630***	Al_2O_3	100
TiO_2		380		TiO_2-FeO	18 – 0
SiO_2****		285	286	Binary-SiO_2	83 – 50
SiO_2*****		181	203	Binary-SiO_2	50 – 33
B_2O_3	33.6*	96***		B_2O_3	100

* : 実験値
** : Dietzel の計算値
*** : 実験値からの外挿値
**** : 高 SiO_2 濃度 2 成分系からの計算値
***** : 低 SiO_2 濃度 2 成分系からの計算値

スラグの表面張力の推算を試み，推算値が実験値に比較的よく合うことを報告した．

式(3-1)と表3.3の表面張力因子をもとにすれば，鉄鋼製錬スラグの主成分である Al_2O_3, CaO, FeO, MgO はスラグの表面張力を増加させ，SiO_2 は減少させる傾向のあることが推定できる．B_2O_3, K_2O, PbO は

表面張力をより大きく減少させる成分と考えることができる．

溶融スラグの表面張力も組成によってはその温度係数が正になることが知られている．すなわち2成分系スラグの表面張力の温度係数は，高 SiO_2 濃度において正の値を持ち[11]，metasilicate スラグでは，イオンポテンシャル (ionic potential) の増加とともに，負から正に変わる[11]．

3-2-3 スラグ／メタル間界面張力

スラグ／メタル間界面張力は，一般にメタルの表面張力とおおよそ同じ程度の大きさであり，硫黄，酸素等の強力な界面活性成分が存在することも，メタルの表面張力の場合に類似している．

すでに，**2-5-1** の ii) で述べたように，スラグ／メタル間界面張力の測定は，厳密に言えば，熱力学的に非平衡の状態でなされたとみなすべきものが多い．また，測定結果の取り扱いをみても，メタル中の成分のみの変化と界面張力の変化を対応させた報告例が殆どである．図 3.4[17] は，各種スラグ／溶鉄間界面張力と溶鉄中酸素濃度についての最近の測定結果をまとめたものである．溶鉄中の酸素が，それも低濃度域においてとりわけ，強力な界面活性成分であることがわかる．さらに，スラグ組成が異なっても，界面張力に大きな相違はなく（およそ ± 150mN／m 以下），溶鉄中酸素濃度の影響が支配的であることがわかる．

この結果を具体的に考察してみよう．スラグと溶鉄が接触して，熱力学的平衡状態に到達した場合，酸素に関しては次の反応の平衡が成立つ．

$$\underline{O} = (FeO) \quad \cdots\cdots\cdots\cdots\cdots\cdots\cdots\cdots\cdots\cdots\cdots\cdots\cdots \quad (3\text{-}2)$$

3章 高温融体の界面性質

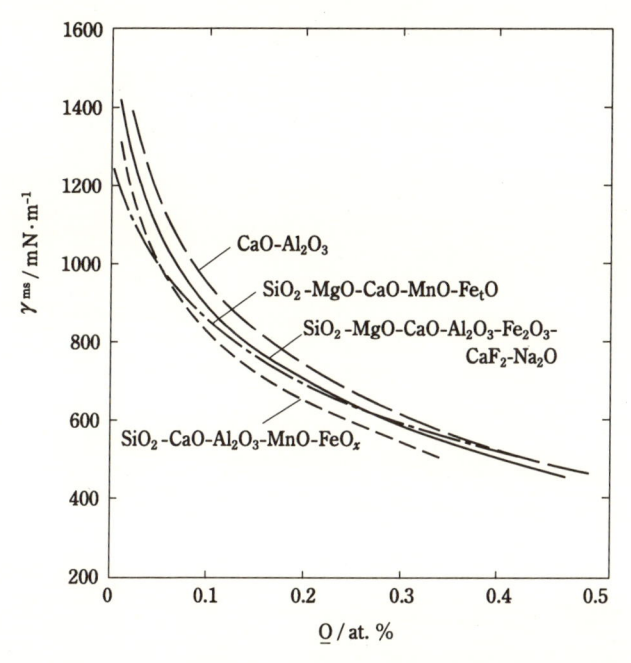

図 3.4 各種スラグ-溶鉄間の界面張力と溶鉄中酸素濃度との関係 [17]

ここで，O は溶鉄中の酸素，(FeO) はスラグ中の酸化鉄である．反応(3-2)の平衡定数 K_2 は式 (3-3) で与えられ，温度，圧力のみの関数である．

$$K_2 = a_{\mathrm{FeO}}/a_{\mathrm{O}} \quad \cdots\cdots\cdots\cdots\cdots\cdots\cdots\cdots\cdots (3\text{-}3)$$

ここで a_{FeO} はスラグ中 FeO の活量，a_{O} は溶鉄中酸素の活量である．それゆえ，溶鉄中の酸素濃度が一定であれば，酸化物の溶鉄への溶解度は一般に非常に小さいので，スラグ組成が異なる場合でも他の溶質成分濃度は非常に低く，a_{O} はおおよそ一定とみなせる．その場合，式(3-3) から，温度一定の場合，a_{FeO} も一定となる．ただ，スラグ組成が異なる場合，FeO の活量係数も異なるので，それぞれのスラグの FeO 濃度は異なる．系は高温であるので反応速度は大きく，界面張力測定

時の系は厳密には平衡状態になくても，少なくともスラグ/メタル界面では反応(3-2)が平衡状に近い状態になっていると仮定できるであろう．その場合，図3.4の結果から，a_{FeO} あるいは a_O がおおよそ同程度（すなわち同程度の O 濃度）のスラグと Fe-O 溶鉄間の界面張力は，スラグ組成が異なっても，ほぼ同じ値をとると解釈できる．以上の考察より，スラグ/メタル間界面張力に対しては，溶鉄中の酸素が支配的影響力を持つと解釈できる．

3-3 メタル－セラミックス間のぬれ性
3-3-1 溶融金属－酸化物間のぬれの特徴

耐火物として用いられる高温で安定な固体酸化物と，溶融金属間のぬれ性は一般に悪い．溶鉄の場合の測定例を示せば，Al_2O_3，MgO 等の種々の酸化物に対する接触角 θ は $116° \sim 135°$ [18] であり，TiB_2，ZrB_2

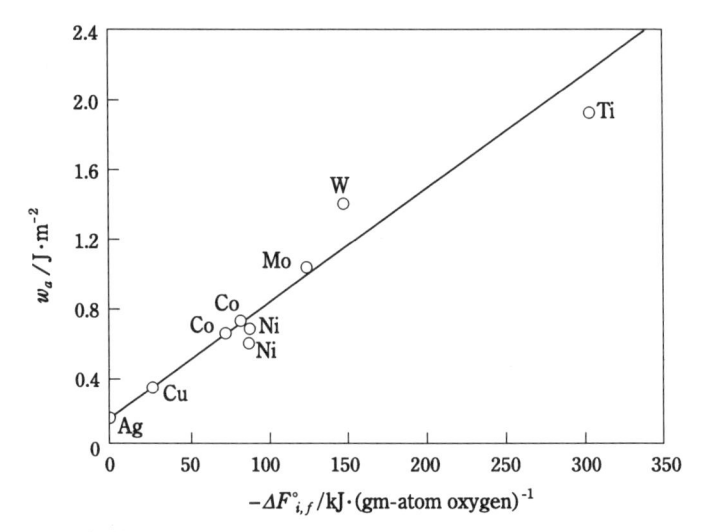

図3.5 多結晶アルミナと諸金属間の付着仕事（真空中）w_a と酸化物の標準生成自由エネルギー $-\Delta F°_{i,f}$ との関係 [21]

などの硼化物の場合の 0～102°[19]，グラファイトの 50°[20] よりもぬれ性は悪い．

次に酸化物-溶融金属系の付着仕事 w_a に着目して，この系のぬれをもう少し詳しく考察してみよう．w_a と溶融金属の酸化物 i の標準生成自由エネルギー $\Delta F°_{i,f}$ との間には，ほぼ直線関係で示されるような密接な関係が見出されており [21),22)]（図 3.5）[21)]，両者の関係は式 (3-4) で表される．

$$w_a = w_0 + A_w(\Delta F°_{i,f}) \quad (3\text{-}4)$$

w_0 は分散力に基づく結合エネルギーの寄与分であり，$A_w(\Delta F°_{i,f})$ は，酸化物表面の酸素イオンと金属との間の相互作用と配位状態に基づく自由エネルギーの寄与分に相当する．酸素との親和力の強い金属ほど，$A_w(\Delta F°_{i,f})$ 項の寄与が大きい．1 モルの酸化物表面が溶融金属でぬらされる場合の付着仕事 $w_{a,mol}$ を，実測値 w_a(J/m^2) から算出すると，表 3.4[23)] が得られる．その結果，このような大きな $w_{a,mol}$ の値はファン・デル・ワールス力によるものではなく，固/液界面での化学的相互作用によってのみ生じうるものと解釈される [23)]．単結晶アルミナの〈0001〉面上における純金属との付着仕事を，金属原子-酸素間の化学結合に基づく部分とファン・デル・ワールス結合に基づく部分に分けて計算する

表 3.4 酸化物/溶融金属間の付着仕事 $w_{a,mol}$ [23)]

系	温度（℃）	$w_a(10^{-3}J/m^2)$	$w_{a,mol}$(kJ/mol)
Ni-ZrO$_2$	1500	917	59
Ni-CoO	1500	1500	71
Fe-Cr$_2$O$_3$	1550	1400	113
Fe-ThO$_2$	1550	1090	84
Cu-NiO	1100	990	42

表 3.5 単結晶アルミナと溶融金属間の w_a に関する理論値と実験値との比較 [21]

金属	付着仕事 $w_a(10^{-3}\text{J/m}^2)$			
	理論値 (=a+b)			実験値
	a	b	a+b	
Ni	460	540	1000	1275
Cr	1150	590	1740	2020
Ti	1610	400	2010	2010
Zr	1950	365	2315	2320

a：化学結合に基づく部分
b：ファン・デル・ワールス結合に基づく部分

と，表 3.5[21] に示す結果が得られる．実測値と計算値はよく一致し，$-\Delta F^°_{i,f}$ の大きい Cr, Ti, Zr では化学結合の寄与がファン・デル・ワールス結合の寄与に比して非常に大きくなっていることがわかる．

3-3-2　メタルおよび酸化物の化学組成の影響

式 (2-84) から明らかなように，接触角 θ は，γ^l, γ^s, γ^{ls}, の関数である．γ^l, γ^s はそれぞれ液相，固相の化学組成に依存し，γ^{ls} は固液両相の化学組成に依存する．それゆえ接触角 θ は，固液両相の化学組成に依存することが容易にわかる．

溶鉄中に種々の成分を添加して組成を変化させた場合の溶融鉄合金と Al_2O_3 との間の接触角 θ の変化の測定例を図 3.6 [24), 25] に示す．図から明らかなように，酸素が最も激しく θ を減少させる．ついで Mn, Si, C の順にその作用は穏やかになり，Ni になると θ, w_a はほとんど変化しなくなる．Cr は，逆に θ を，わずかではあるが，増加させる．さらに図 3.6 中の θ －酸素濃度の関係において，酸素濃度の低い領域において

3章 高温融体の界面性質

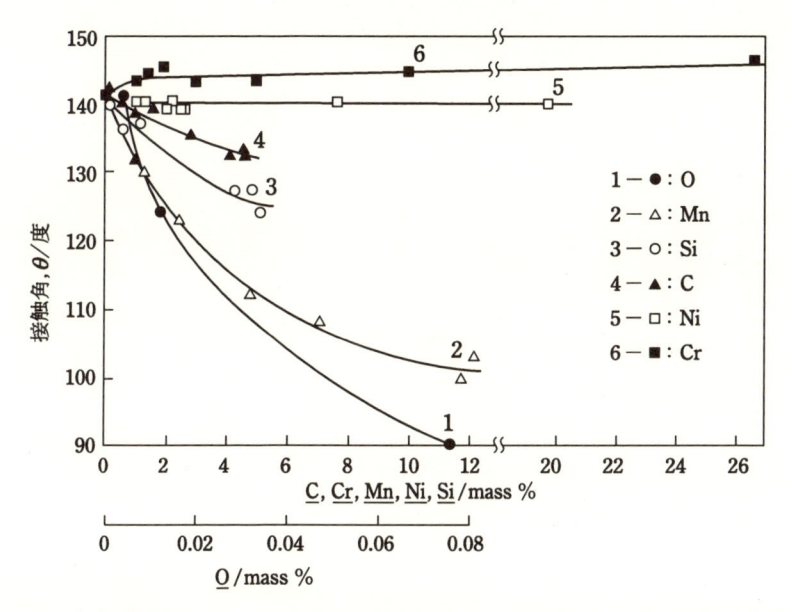

図 3.6 多結晶アルミナ–溶鉄間の接触角 θ に及ぼす添加元素の影響[24),25)] (1500℃,アルゴンガス中)

は，θ が酸素濃度の増加とともに増加する結果が最近の測定で報告されている（図 3.7）[26)]．図 3.7 中の酸素濃度 100 ppm 付近までの θ の増加は Al 濃度の減少によると考えられる．

酸化物組成の変化に対しては，Al_2O_3-MgO 系のように，溶鉄中の溶解度積の小さい成分同士の酸化物系の場合，図 3.8 [26)] に示すように，溶鉄中酸素濃度が 10 ～ 20 ppm（図中の低 O 濃度）では，酸化物組成が変化しても，θ はほとんど変化しない．しかし，酸化物の溶解度積が大きい系においては，図 3.9 [27)] に示すように，Cr_2O_3 の含有量の増加に伴なって θ が減少する．この減少は主に，Cr_2O_3 の溶鉄への溶解に伴う Cr 濃度の増加に起因すると考えられる．例外はあるかもしれないが，一般に図 3.9 の場合のように，セラミックス化合物成分と

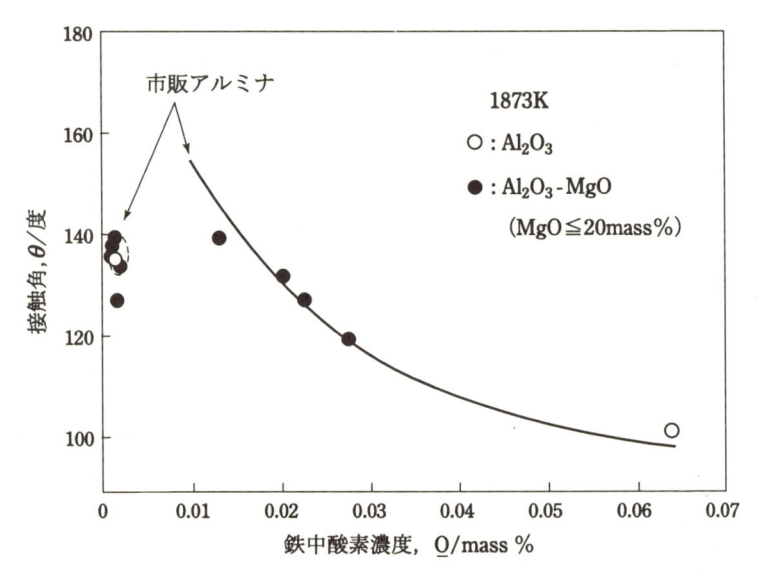

図 3.7 　Al$_2$O$_3$-MgO 系基板の接触角と鉄中酸素濃度との関係 [26]

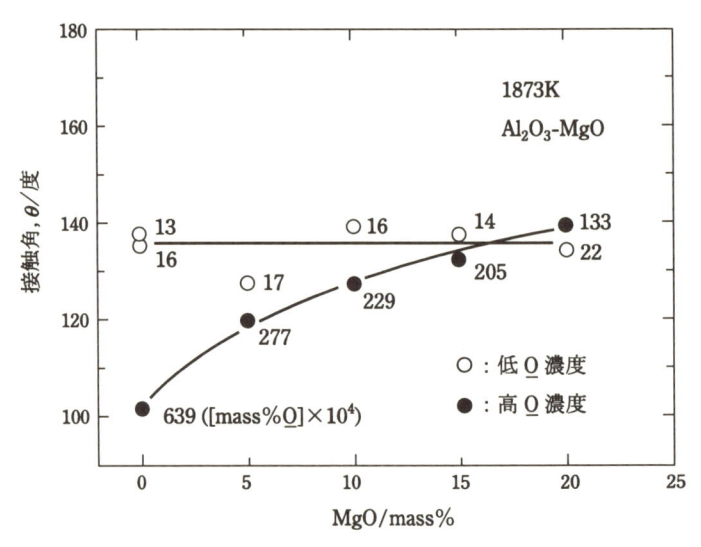

図 3.8 　Al$_2$O$_3$-MgO 基板／溶鉄間の接触角と基板の MgO 含有量との関係 [26]

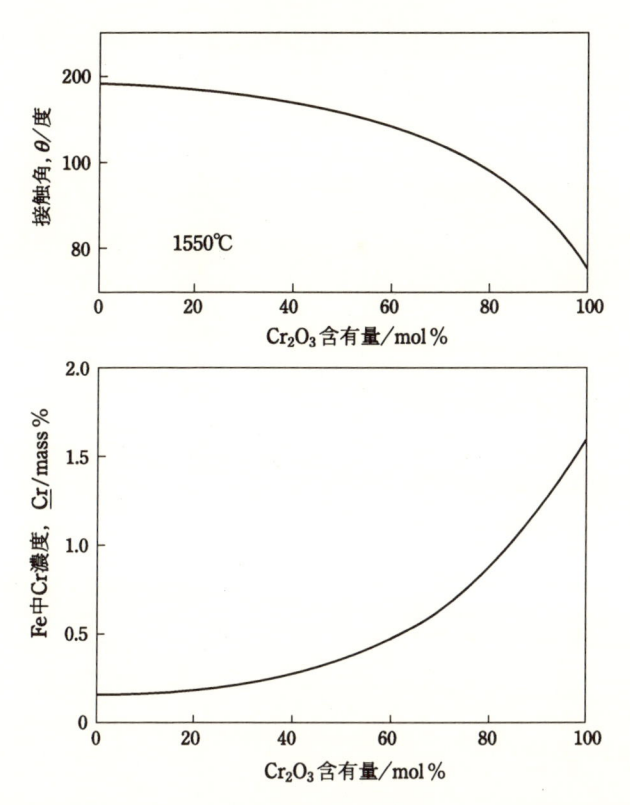

図 3.9　Al_2O_3-Cr_2O_3 系基板の接触角に及ぼす Cr_2O_3 含有量の影響 [27]

同一の元素のメタル中濃度が大きい場合，接触角は低くなる，いわゆるぬれ性が良くなる傾向がある．この考えを，SiC，Si_3N_4，グラファイト，ダイヤモンドとメタルとのぬれ性にまで拡張してみよう．上記セラミックスとその溶解度が非常に小さい金属とのぬれ性は悪い [28],[29]．しかし，SiC とそれをかなりよく溶解する鉄，コバルト，ニッケルとのぬれ性は良くなる [28],[29]．同様に炭素をほとんど溶解しないスラグとグラファイトとのぬれ性は悪い．一方，固体酸化物のスラグへの溶解度は一般に大きい．そしてスラグは，それら固体酸化物をよくぬらす．

なお,ここで,「ぬれ性が良い」とは接触角が 90° 未満を,「悪い」とは 90° 以上を意味するものとして用いた.

3-3-3 表面の物理的形状,因子
i) 表面の粗さ

粗面の場合,ヤングの式 (2-88) は成立せず,Wenzel[30] は次式 (3-5) を提唱した.

$$R_\circ (\gamma^s - \gamma^{ls}) = \gamma^l \cos\theta' \quad \cdots\cdots\cdots\cdots\cdots\cdots\cdots\cdots\cdots\cdots\cdots\cdots (3\text{-}5)$$

$R_\circ (=A/A_\circ)$ は粗度因子 (roughness factor) で,A は固体表面の実面積,$A_\circ$ は幾何学的面積,θ' は粗面に対するいわゆるみかけの接触角である.図 3.10 [31] は式 (3-5) が成立つ例であるが,式 (3-5) で記述できない場合

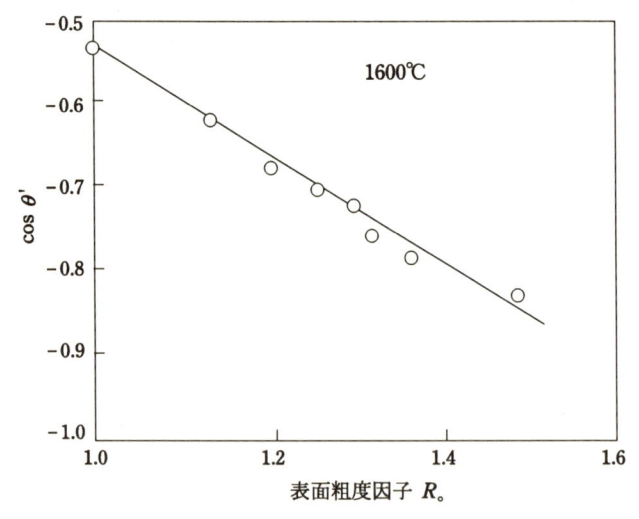

図 3.10 1600℃,溶鉄-Al_2O_3 系における $\cos\theta'$ と $R_\circ$ との関係 (Wenzel の関係) [31]

も多く,表面の凹凸の形状,分布などを考慮する必要があろう.

ii) 界面の構造

ミクロ的には,結晶方位によっても θ は影響を受ける(図 3.11)[32]. マクロ的には,例えば金属−酸化物系のように接触角が大きい場合,図 3.12 に示すような composite interface[33],すなわち,凹みには溶融金属が十分入り込めないような構造の界面が形成される可能性がある.

このような場合には,Wenzel の式では不十分であり,Cassie と

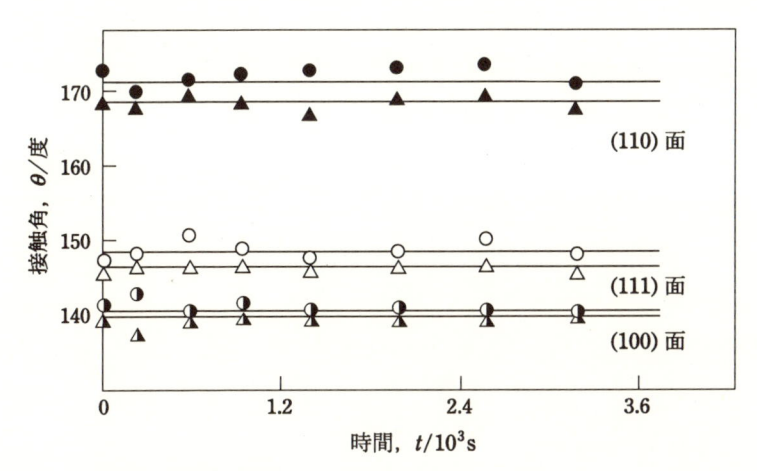

図 3.11 600℃,水素雰囲気における溶融純 Sn と単結晶 MgO の低指数面との接触角の時間的変化[32]

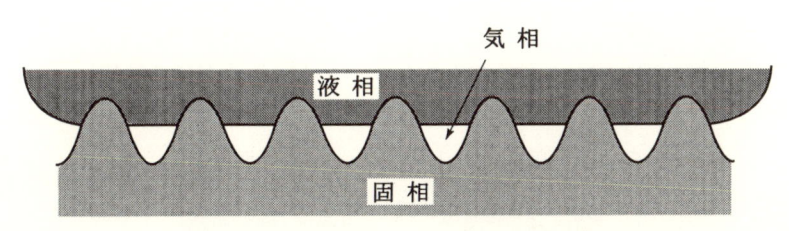

図 3.12 粗面での composite interface[33]

Baxter[34),35)] の研究が参考になろう．

2-5-1 の iii) ですでに述べた，メタル－セラミックス間の反応により，拡がりの先端に隆起 (ridge) が形成されるなどして，固体表面の形状が変わる場合にも，接触角（みかけの）は変化する．

3-4 データブック，レビュー

ここでは，溶融金属，溶融スラグの表面張力，両相間の界面張力および上記融体－セラミックス間のぬれ性について，これまでに出版されたデータブック，発表されたレビューを，筆者の目にとまった限りにおいて，重要と考えられるものを年代順に紹介する．ただ，絶版等で入手が非常に困難なもの，あるいは出版が古くて，それらに収録されているデータのなかで重要なものは，新しい出版物にほぼ収録されているとみなせるものは割愛した．

3-4-1 データブック

① 鉄鋼基礎共同研究会溶鋼・溶滓部会：溶鉄・溶滓の物性値便覧，日本鉄鋼協会，(1972)
  ＊4章に，溶融鉄合金，スラグの表面張力，および両相間の界面張力データ（川合保治他4名著）
② 学振第140委員会：Handbook of Physico-chemical Properties at High Temperatures, 日本鉄鋼協会，(1988)
  ＊5章にメタル，スラグの表面張力，ぬれ性データ（荻野和己著）
③ Verein Deutscher Eisenhüttenleute: Slag Atlas, 2nd Edition, Verlag Stahleisen GmbH, (1995)
  ＊10章にスラグの表面張力，11章にスラグ－溶鉄 (ferrous melts) 間界面張力，12章に溶鉄 (ferrous melts) －セラミックス (non-

metallic solids) 間ぬれ性のデータ (B. J. Keene 著)
④ 石井淑夫, 小石眞純, 角田光雄編：ぬれ技術ハンドブック〜基礎・測定評価データ〜, テクノシステム, (2001)
 ＊2編の3章にセラミックス材料のぬれ性データ (野城 清著)
⑤ 日本鉄鋼協会, 学振製銑第54委員会：鉄鋼物性値便覧 製鉄編, 日本鉄鋼協会, 学振製銑第54委員会, (2006)
 ＊IX章の28節に表面張力, 界面張力, 29節にぬれ性データ (編集委員長：稲葉晋一)

3-4-2 レビュー

① Ju. V. Naidich: The Wettability of Solids by Liquid Metals, Progress in Surface and Membrane Science, **14** (1981), 353
② B. J. Keene: Review of data for surface tension of iron and its binary alloys, International Materials Reviews, **33** (1988), 1
③ B. J. Keene: Review of data for surface tension of pure metals, International Materials Reviews, **38** (1993), 157

【参考文献】
1) T. Iida and R. I. L. Guthrie: The Physical Properties of Liquid Metals, Clarendon Press, Oxford, (1988)
2) B. J. Keene: International Materials Reviews, **33** (1988), 1
3) I. Jimbo and A. W. Cramb: ISIJ. Int., **32** (1992), 26
4) K. Gunji and T. Dan: Transactions ISIJ, **14** (1974), 162
5) T. B. King: J. Soc. Glass Techn., **35** (1951), 241
6) 向井楠宏, 古河洋文, 土川 孝：鉄と鋼, **63** (1977), 1484
7) 向井楠宏, 石川友美：日本金属学会誌, **45** (1981), 147
8) 余 仲達, 向井楠宏：日本金属学会誌, **59** (1995), 806

9) 向井楠宏, 古河洋文, 土川 孝：鉄と鋼, **60** (1974), A7
10) J. L. Bretonnet, L-D Lucas and M. Olette : CR Akad. Sci. Paris, **280** (Ser C) (1975), 1169
11) R. E. Boni and D. Derge: Trans. Met. Soc. AIME, **206** (1956), 53
12) T. Tanaka, K. Hack, T. Iida and S. Hara: Z. Metallkd., **87** (1996), 380
13) C. Wagner: Thermodynamics of Alloys, Addison Wesley Pub. Co, Inc., (1952)
14) 牛 正剛, 向井楠宏, 白石 裕, 日比谷孟俊, 柿本浩一, 小山正人：日本結晶成長学会誌, **24** (1997), 369
15) K.Mukai, Z. Yuan, K. Nogi and T. Hibiya: ISIJ Int. , **40** (2000), Supplement, S148
16) N. Ikemiya, J. Umemoto, S. Hara and K. Ogino: ISIJ Int., **33** (1993), 156
17) K. Ogino: Handbook of Physico-chemical Properties at High Temperatures, ISIJ, ed. Y. Kawai and Y. Shiraishi, (1988), 170
18) 荻野和己, 足立 彰, 野城 清：鉄と鋼, **56** (1970), s 451
19) G.V. Samsonov, A. D. Panasyuk and M. S. Borovikova: Sov. Powder Metall. Met. Ceram., **12** (1973), 476
20) Yu, V, Naidich and G. A. Kolensnichenko: Surface Phenomena in Metallurgical Processes, ed. A. I. Belyaev, Consultants Bureau Enterprises, Inc, (1965), 218
21) J. E. McDonald and J. G. Eberhart: Trans. Met. Soc. AIME, **233** (1965), 512
22) 中野昭三郎, 大谷正康：日本金属学会誌, **34** (1970), 562
23) V. N. Eremenko: The Role of Surface Phenomena in Metallurgy, ed. V. N. Eremenko, Consultants Bureau Enterprises, Inc, (1963), 1
24) B. V. Tsarevskii and S. I. Popel: Izv. Vyssh. Ucheb. Zaved., Chern. Met., [8] (1960), 15
25) B. V. Tsarevskii and S. I Popel: Izv. Vyssh. Ucheb. Zaved., Chern. Met., [12] (1960), 12
26) 篠崎信也, 越田暢夫, 向井楠宏, 高橋芳朗, 田中泰邦：鉄と鋼, **80** (1994), 748
27) 新谷宏隆, 玉井康勝：窯業協会誌, **89** (1989), 480
28) K. Nogi and K. Ogino: Int. Symp. on Advanced Meterials, Tokyo (1988)
29) 野城 清：ぬれ技術ハンドブック～基礎・測定評価・データ～, 石井淑夫, 小石眞純, 角田光雄編, テクノシステム (2001)
30) R. W. Wenzel: Ind. Eng. Chem., **28** (1936), 988
31) K. Ogino: Taikabutsu Overseas, **2** (1982), 80

32) K. Nogi, M. Tsujimoto, K. Ogino and N. Iwamoto: Acta Metall. Mater., **40** (1992), 1045
33) R. E. Johnson, Jr and R. H. Dettre: Surface and Colloid Science, Vol. 2. ed. by E. Matijevtic, Wiley-Interscience, (1969)
34) A. B. D. Cassie and S. Baxter: Trans, Farady Soc., **40** (1944), 546
35) S. Baxter and A. B. D. Cassie: J. Textile Inst., **36** (1945), T 67

4章 高温融体の界面現象と材料プロセッシング

　現在行われている高温での材料製造プロセス,たとえば金属製錬,IC基盤用単結晶シリコンの製造,溶接,ガラス製造などの諸過程は大部分が溶融したメタル,スラグ,ガラス,塩と,その容器となる耐火物など,二つ以上の相を含む不均一系よりなる.不均一系には,必ず界面が存在するから,上記材料製造プロセスには,多かれ少なかれ界面現象が関与するはずである.

　このような材料製造プロセスの合理的な制御あるいは改良,開発を目指すうえで,上記不均一系の物理化学的特性を良く把握し,正確な記述,予測法を追求していくことが,重要なアプローチの一つになりうることに異論はないであろう.例えば,鉄鋼製錬プロセスでは歴史的には,すでにガス,メタル,スラグ等の巨容相 (bulk phase) およびそれらの相からなる不均一系を,熱力学,移動現象論,電磁気学を用いて記述し制御することにおいて,確かな成果が得られている.今後更なる発展を目指すには,界面の理解,具体的には界面現象の関わりを明らかにすることが一つの重要な課題となるであろう.このことの重要性は,以前から指摘されてきてはいた.例えば,少し古くなるが,筆者らのレビュー[1]にも,鉄鋼精錬プロセスと界面現象についての全般的な事柄が,ある程度詳しく述べられている.しかし,その関わりの程度は最近に至るまで,具体的,実験的に十分明らかになっ

てはいなかった．本章では，主に筆者らが 1980 年代の前半から行ってきた界面現象と鉄鋼製錬プロセスとの関連についての研究，すなわち界面物理化学的研究の結果を中心にして紹介する．なかでも最近になって，マランゴニ効果の製錬プロセスへの関与が明確になってきたことが注目される．そこでまず，**4-1** では，マランゴニ効果を除く各種界面現象の製錬プロセスへの関わりを簡単に紹介する．そして最後に **4-2** ではマランゴニ効果の材料プロセッシングへの関与を少し詳しく紹介する．

このような界面現象の理解には，実際に生起している生(なま)の現象を直接に見ることをとおして納得していただくのが有効であり，かつ重要なことであると思っている．そこで 4 章には，筆者らのこれまでの研究のなかで，その場観察をとおして得られた各種界面現象あるいはそれらとプロセッシングとの関わりを示す動画を DVD の形にして付録につけることにした．

4 章中の本文では簡単な記述で終わり，十分に説明できなかった部分，あるいは文章での説明がむずかしい現象の詳細等が含まれているので，ぜひご覧いただきたい．DVD に収録の個所は†印を付け，その都度脚注に示した．

4-1 鉄鋼製錬プロセスにおける界面現象

すでに 3 章で述べたように，溶鋼，溶滓等，製錬プロセスで扱う融体の表面張力，界面張力は，たとえば，水の表面張力と比較すると 5 〜 20 倍以上も大きい．そのうえ，鉄鋼製錬プロセスに不可避的に存在する酸素や硫黄等の溶質は非常に強力な表面活性成分であるので，製錬プロセスでは 2 章に述べた界面現象が顕在化しやすい状態にある．

鋼精錬プロセスでは溶鋼へのアルゴンガスや粉末の吹き込みが多様

な形で行われており，それによって生じるメタル−スラグ−気相の3相よりなる分散系，すなわち界面が発達した世界は，プロセスのいたるところで現出するものと考えられる．また，強制脱酸における非金属介在物の生成，除去プロセスは，核生成とそれに続く微粒子の凝集，合一，分離の過程を経るので，界面現象そのものが深く関わる．さらに，スラグフィルム，および後述のガスフィルム等の生成とそのコントロールも製錬プロセスにおけるこれからの重要な技術課題になる可能性がある．

4-1-1 ぬれ

ぬれは，よく知られた界面現象の一つとして，これまでにも鉄鋼製錬プロセスとの関連が論じられてきた．このぬれ性が，連鋳プロセスで吹き込まれるアルゴンガスの挙動にも深く関係していることがわかってきた．さらに，ぬれ性が本質的役割を果たすと考えられる耐火物へのスラグ，メタルの浸透，浸入挙動が，X線透過装置を用いることによって直接観察できることが明らかになった．以下にそれらの結果を簡単に紹介する．

i) 連鋳プロセスにおける吹き込みアルゴンガスの挙動 [2]〜[4] †

浸漬ノズル内壁のポーラスれんがからアルゴンガスを吹き込むと，図4.1に示すように，内壁−溶鋼間に帯状のいわゆるガスカーテンが生成し，このガスカーテンの下端が不規則にちぎれることにより，溶鋼流が不安定になることを，水モデル実験で明らかにした．すなわち，ガスカーテンは，耐火物−溶鋼間のぬれ性の悪さに起因するもので，

---

† DVD．1：溶鋼の連続鋳造用ノズル，モールド内における吹き込みアルゴンガスの挙動（水モデル実験），参照．

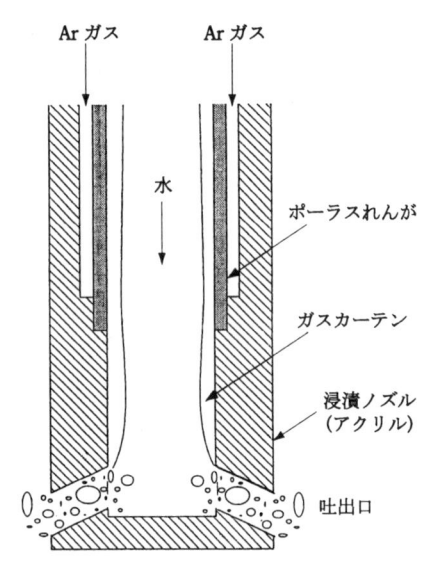

図 4.1 ポーラスれんがと水とのぬれ性が悪い場合に浸漬ノズル内壁に形成されるガスカーテンの模式図（水モデル実験）

ぬれ性を良くすると消滅し，安定した均一な大きさの気泡が生成する．この結果より，ガスカーテンは溶鋼中介在物の内壁面への付着を防止する効果はあるが，溶鋼流の乱れ，不均一気泡の生成によるモールドフラックスの巻き込み，あるいは溶鋼の凝固界面での気泡の捕捉を助長すると推定される．

ii) スラグ[5]，メタル[6],[7] の耐火物への浸透，浸入挙動[†]
《スラグの浸透》

耐火物へのスラグの浸透は，耐火物構成粒子間の結合の破壊と，構成粒子の溶損あるいは変質を引き起こすため，耐火物の損耗に与える影響が大きい．一般に酸化物系耐火物-スラグ間のぬれ性は良いので，

[†] DVD. 2：溶融スラグ，メタルの耐火物への浸透，浸入挙動，参照．

浸透は自然に生じる．

X線透過装置を用いたその場観察によれば，マグネシア質耐火物への CaO-SiO$_2$-FeO 系スラグの浸透は非常に速く，浸透初期の最も速い場合には，10 秒間で 20mm の浸透高さに達する（図 4.2）[5]．浸透初期の浸透高さ h は時間の 1/2 乗に比例し（図 4.3）[5]，式 (2-177) の $n = 2$ の場合と形のうえで一致する．

$$h = k_0 t^{1/2} \quad \cdots\cdots\cdots\cdots\cdots\cdots\cdots\cdots\cdots\cdots\cdots\cdots\cdots\cdots \quad (4\text{-}1)$$

k_0 は実験により得られる定数である．k_0 のスラグ組成による変化は，定性的にではあるが，式 (2-178) の k に含まれる本系の物理化学性質を用いて説明できる．

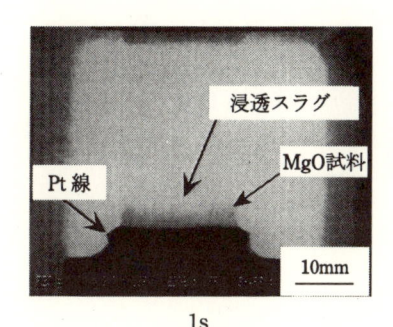

図 4.2 MgO 試料（気孔率 31％）中へのスラグの浸透の様子 (1693K) [5]
スラグ中 T. Fe = 30mass％．スラグの組成 mass％ CaO/mass％ SiO$_2$ = 2.0

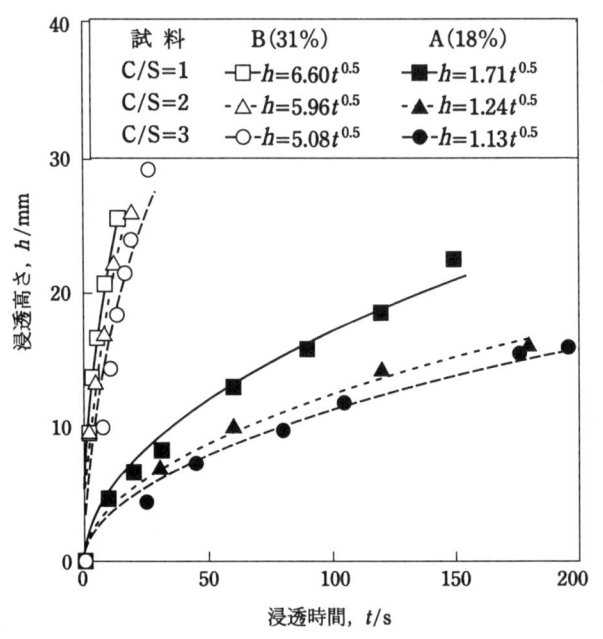

図 4.3 MgO 試料中へのスラグの浸透高さの経時変化 (1693K) [5]
A: 気孔率 18% B: 気孔率 31%．スラグ中 T. Fe = 30mass％．
C/S：スラグの組成，mass％ CaO/mass％ SiO$_2$

《メタルの浸入》

鉄鋼製錬用酸化物系耐火物−溶鋼間のぬれ性は，一般に悪いので，耐火物への溶鋼の浸入は自然には生じない．しかし，たとえば，鋼の二次精錬において取鍋内溶鋼へのガス吹き込みに使用するポーラスプラグ用れんがは，取鍋の底部に取り付けられるので溶鋼の静水圧が加わり，溶鋼の浸入が生じる．その浸入は，ポーラスプラグの寿命を短くする一因となる．X 線透過装置を組み込んだ実験装置（図 4.4）を用いて，メタル相側を加圧していった場合のポーラスプラグ用れんがへのメタルの浸入挙動をその場観察した．メタル相側圧力がある値以上になると，耐火物中の開気孔径の大きい部分から浸入がはじまる．

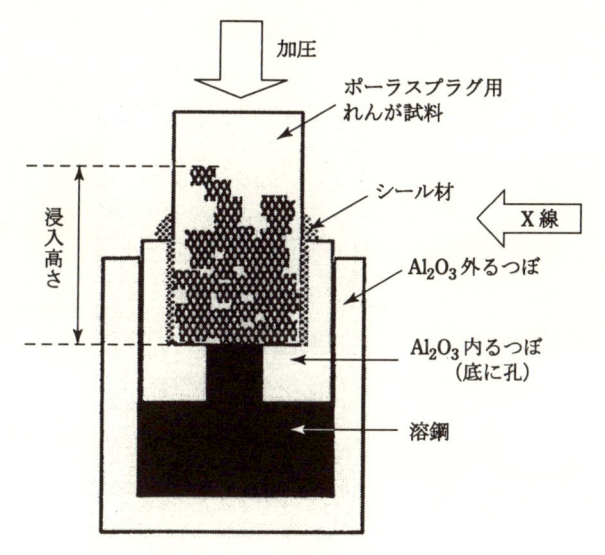

4章 高温融体の界面現象と材料プロセッシング

図4.4 ポーラスプラグ用れんがへの溶鋼浸入の直接観察実験装置模式図

メタルの浸入は，スラグの場合（図4.2）と異なり，場所により浸入の高さが異なる，すなわち不均一な浸入挙動を示す（図4.5）．圧力をさらに増大させていくと，ある値以上から，圧力の増加に対する浸入高さ（平衡状態）の増加割合が著しく大きくなり，しかも水銀の場合，両者の間に明瞭な直線関係が見出される（図4.6）[6]．このステージでの浸入は，対応する圧力のもとで浸入が生じうる気孔径が耐火物試料全体に連なった状態になっていると解釈できる．さらに，水銀のほかに，銀，鉄を用いて観察を行った．れんがとの化学反応，界面活性成分の吸着反応が実質的に無視できる水銀では，上記ステージの挙動が明瞭に現れる．銀では化学反応は無視しうるが，銀中溶解酸素の吸着の影響と推察される挙動が観察される．鉄では吸着反応とともにさらに，耐火物との化学反応も加わると推察され，浸入挙動における速度論的要因が顕在化するようになる．

印加圧力：(a) 0.13×10^5Pa, (b) 0.16×10^5Pa, (c) 0.24×10^5Pa.

図 4.5 各種の印加圧力における水銀のポーラスプラグ用れんが中への浸入の様子 [6]

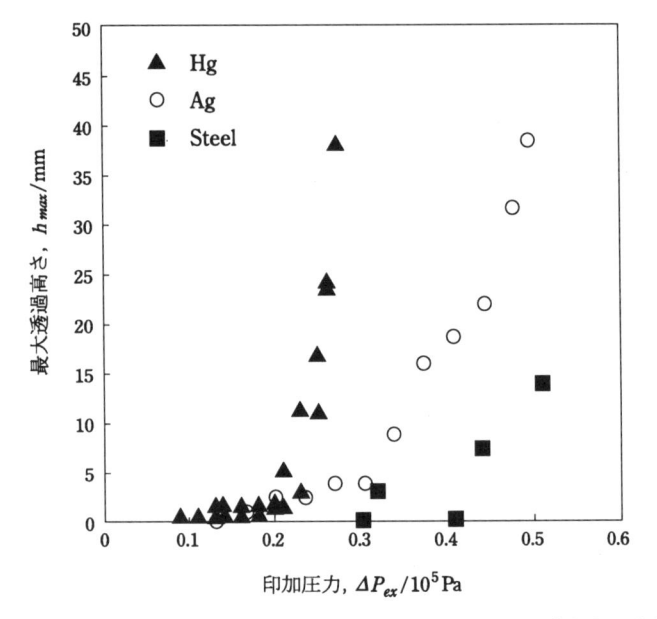

図 4.6 ポーラスプラグ用れんがへの各種溶融メタルの浸透高さと印加圧力との関係 [6]

4-1-2 溶鋼のアルミニウム脱酸過程におけるアルミナの核生成

鋼精錬の最終段階に位置する溶鋼の脱酸プロセスにおいては，アルミニウム脱酸が多用されている．しかし，このアルミニウム脱酸においても，よくわからないことが依然として残されている．たとえば，脱酸の初期に観察される非平衡相としてのγ，δ相等のアルミナ[8]の成因である．また，アルミニウムと酸素の脱酸平衡を実験室的に測定すると，過飽和現象の生じることが報告されているが[9]，その現象についても合理的説明はなされていない．

過飽和状態の溶鉄からの非平衡アルミナ相の成因については，オストワルドのステップルールと古典的核生成理論（2-4-4, 2-5-2 の i 参照）を組み合わせることにより，γ，δアルミナ相だけでなく，液相アルミナ生成の可能性も予測できる[10]．このような，過飽和状態から核生成を経て非平衡相が生成するプロセスは，ダイヤモンドの気相合成過程と同様の現象[11]とみなすことができる．

アルミニウム脱酸時の過飽和現象は，上記古典的核生成理論に，核生成反応に伴なって生じる母相の自由エネルギー変化の寄与を加えることにより説明できる[12]．過飽和現象の一つの形は，核生成反応が進行した場合，系の全体の自由エネルギーは増加するばかりであり，もともと反応が熱力学的に進行しえない状態にある，すなわち実質的な過飽和状態にあるというものである．もう一つは，核生成反応の進行とともに系の自由エネルギーは減少していくが，核がある大きさまで成長すると，図 2.18 の場合とは異なり，自由エネルギーは最小値に到達し，それ以上成長すれば自由エネルギーが増加に転じるため（図 4.7[12]参照），核がそれ以上成長できなくなるという場合である．自由エネルギーの最小状態に対応する核の大きさは理論[12]，実験[13]とも数 nm 径であり，この大きさの微粒 Al_2O_3 が懸濁することにより，みかけ上

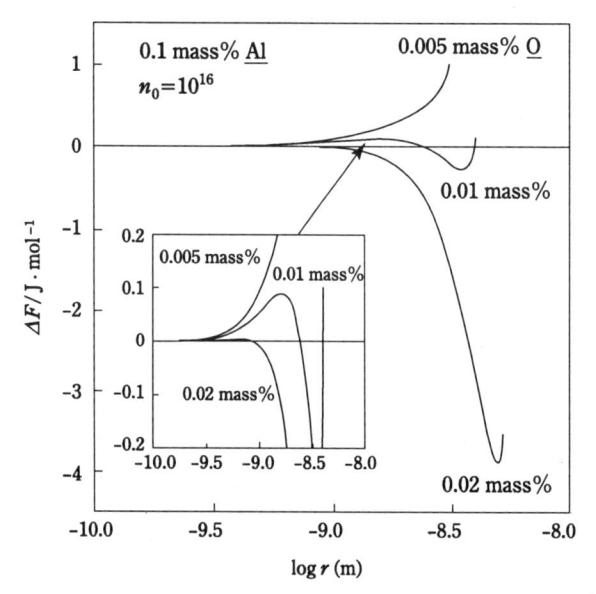

図 4.7 溶鉄中 Al_2O_3 の核生成時の自由エネルギー変化 [12]
　　　n_0：1 モルの溶鉄中の核の数

の過飽和状態が現出することになる．

4-1-3 その他
ⅰ) 分散

ポーラスれんがから溶鋼にガスを吹き込む場合，できるだけ微細な気泡を生成させることができれば，ガス／メタル間表面積を増大させ，精錬反応効率の向上が期待できる．

Fe-C 溶融合金中に浸漬したポーラスプラグれんが表面で生成，離脱する気泡を，X 線透過装置を用いて直接観察した [2]．その結果，図 4.8 に示すように，Fe-C 溶融合金の場合，水中に同一れんがを浸漬した場合に発生，離脱する気泡に比べて，著しく大きい気泡の発生することが明らかになった．溶融鉄合金中のれんが表面の各細孔から生成する

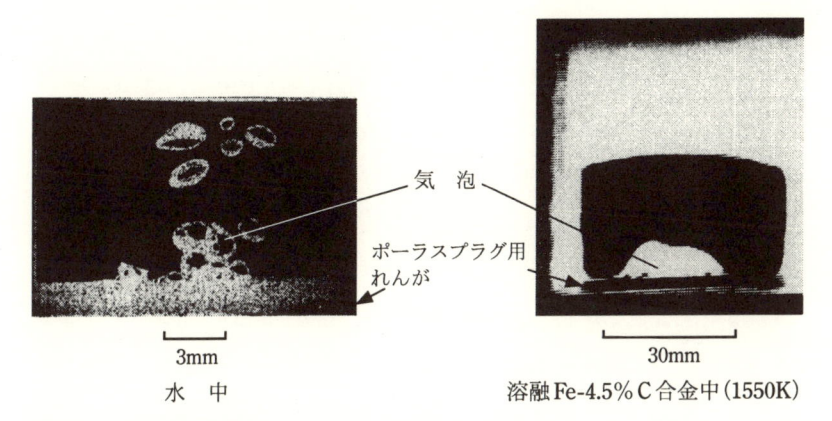

4章　高温融体の界面現象と材料プロセッシング

図4.8 水および溶融Fe-C合金中に浸漬したポーラスプラグ用れんがから生成する気泡の大きさ

（左：水中　3mm／右：溶融Fe-4.5%C合金中(1550K)　30mm、気泡、ポーラスプラグ用れんが）

微細気泡はれんが表面で互いに合一して一つの大きな気泡になり離脱していく．微細気泡の表面での合一はれんが−溶融鉄合金間のぬれ性の悪さに起因する．この結果からは，ポーラスプラグ用れんがの気孔径をたとえ小さくしても，ぬれ性の悪さが主因となって，微細気泡を発生させることは原理的に難しいことが理解される．

スラグの泡立ちの制御は鉄鋼製錬プロセスにおける主要技術課題の一つである．このスラグの泡立ちの主因は，スラグ−メタル間反応によって，その界面から微細気泡が高速度で発生することにあることが，X線透過装置による直接観察などから明らかになってきた[14)～16)]．微細気泡の発生はスラグ−メタル間のぬれ性の良さに起因し，高速度での微細気泡の発生にはマランゴニ効果により生起する界面撹乱が関わっていると考えられる．一方，スラグ中へ気泡を吹き込むことによる実験室的研究においても，スラグの泡立ちの安定性は気泡径に依存し，泡立ち高さはガスの供給速度（CO気泡の発生速度に相当）に比例することが報告されている[17)]．

ii) 吸着

　鋼材中のチッ素は，鋼材の機械的特性に密接に関係するので，溶鋼中チッ素濃度の制御が重要になる．そのため，溶鋼と気相中チッ素との反応すなわち，チッ素の吸収，脱チツ反応速度の解明に興味が持たれ，これまでに多くの研究がなされてきた．その結果，強力な表面活性元素である酸素や硫黄の微量の存在が，上記チッ素の反応速度を著しく遅くすることが明らかになった．表面活性成分の一つである酸素は，たとえば，溶鉄中濃度が 200ppm 以上になると，表面は酸素で飽和され，表面での酸素濃度は巨容相中の濃度のおよそ 500 倍以上になると見積ることができる．チッ素の反応速度の著しい低下はこのような表面に吸着した酸素，硫黄が，界面において，反応速度に対して界面抵抗の働きをなすことによるとする，いわゆる，表面抵抗モデルが提案され，一般に受け入れられている[18),19)]．

　しかし，上記反応速度の実験はほとんどが，溶鉄の撹拌が活発な条件下，すなわち，高周波誘導炉あるいはレビテーションによる浮遊液滴等においてなされたものである．

　一方電気抵抗炉を用いた誘導撹拌がほとんどない状態でのチッ素の反応速度は，溶鉄表面のマランゴニ対流の直接観察とその解析から，表面活性成分の一つであるチッ素[20),21)]の溶鉄表面における濃度差に起因するマランゴニ対流の寄与を考慮することにより，合理的に説明できることが明らかになった*[22)〜25)]．

---

*溶鉄中酸素の影響についても，次のように説明できる．溶鉄の表面張力のチッ素 $\underline{N}$ 濃度による減少割合は，$\underline{O}$ の存在により著しく低下する[21)]．その結果，溶鉄表面が同じチッ素濃度勾配であっても，$\underline{O}$ の存在により表面張力勾配が低下するので，マランゴニ対流が弱くなり，溶鉄−チッ素間の反応速度が遅くなる．

4-2 材料プロセッシングにおけるマランゴニ効果

すでに述べたように,溶鋼,溶鋼/スラグ,溶融スラグの表(界)面張力は水溶液に比べて著しく大きく,その上,これらの系には酸素,硫黄などの強力な界面活性成分が存在する.それゆえ,溶鋼やスラグの密度,粘度などが少々大きくても,これらの界面をとおしての界面活性成分の移行がある場合,融体界面ではマランゴニ効果(**2-3-3**および**2-5-2**のii)参照)による界面撹乱の生じる可能性が大きい.また,高温での融体表(界)面には大きな温度勾配が生じやすく,温度勾配に基づくマランゴニ対流の生起の可能性も大きい.

ところで,金属精錬プロセスに代表されるような高温度の,しかも複雑な現象がからみあった地上の重力場の系において,「はたして,マランゴニ効果が本当に生じるのか」という疑念は,現在でも多くの技術者,研究者が持っている否み難い事実のように思われる.しかし,最近20年あまりの間の研究で,高温融体でのマランゴニ効果の発現状態が次第に明らかになってきた.それとともに,マランゴニ効果が関与する工学的問題についての実証的解明にもかなりの進展がみられるようになった.以下に,高温融体におけるマランゴニ効果の発現状態と,材料製造プロセスへの関わりを,筆者らの研究結果を中心にして少し詳しく述べてみよう.

4-2-1 高温融体に生じるマランゴニ効果の直接観察
i) 温度勾配に基づくマランゴニ対流
《溶融塩液柱》[†]

表面に沿って温度勾配のみが存在するとみなせる条件のもとでの

[†] DVD. 3-1:温度勾配に基づく液柱のマランゴニ対流,参照.

液体の運動の駆動力としては，式(2-62)の温度勾配に基づく表面張力勾配が考えられる．しかし，重力場では，温度勾配に基づく密度勾配の寄与も考えなければならない．重力場におけるマランゴニ対流の検証の難しさは，流れにおけるこの密度対流の寄与と，マランゴニ対流のそれとを分離することにある．筆者ら[26]は，hot-thermocouple法[27]の原理を応用した装置*を用いて，微小液柱に定常的に温度勾配を与えることにより，この液柱の流れの状態を直接観察し以下の結果を得た．上下2枚のPt板（2～3mm径）に挟まれた溶融$NaNO_3$の流れは，温度分布の与え方次第で，図4.9[26]に示すように，それぞれ，特有のフローパターンを描く．フローパターンと流速は，融体に懸濁させた白金微粒子をマーカーにして調べることができる．(a)は，上端を高温，下端を低温に保持した場合で，自由表面では，高温から低温部への非常に速い流れがあり，中心部では，低温から高温部の方向に，

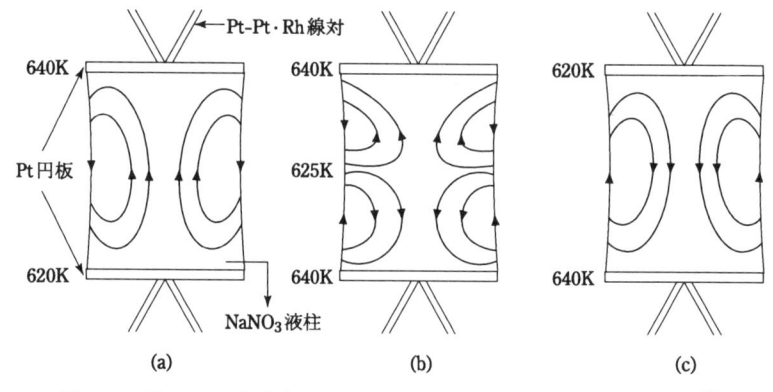

図4.9 種々の温度分布の$NaNO_3$液柱に生じるマランゴニ対流[26]

*図4.9の上下2枚のPt板（2～3mm径）に挟まれた液柱の自由表面に，上下のPt板に溶着したV字型のPt-Pt・Rh線対（加熱と測温の二役を果す）を用いて，上下方向に温度勾配を与え，温度勾配に基づく表面張力勾配を生じさせる．

自由表面より遅い流れが観察される．溶融 $NaNO_3$ の表面張力の温度係数は負であるので，低温部ほど表面張力が大きい．それゆえ，観察される流れの方向は，マランゴニ効果により誘起される流れの方向と一致する．さらに，上部を低温に，下部を高温に保持すると，(c) に示すように，(a) とちょうど反対方向の流れよりなるフローパターンが観察される．(c) の場合，もし，密度対流が支配的なら，円柱の中心部において，高温（下端）から低温部（上端）への流れが生じるはずである．なお，(b) は中心部を低温にした場合で，自由表面で高温から低温部へ向かう流れとなり，観察位置からは，四つの渦模様を持つフローパターンが観察される．表面張力の温度係数が正の値を持つ NaOH 融体では，$NaNO_3$ の場合とちょうど逆方向の流れよりなるフローパターンが観察される．(a) および (b) の液柱で観察される流れは，有限差分法による数値解析結果から，マランゴニ効果に起因するものであるとして，定量的にほぼ説明できる[28]．

以上の結果より，これらの融体は数百 N/m^2 程度の表面張力勾配があれば，重力場においても，マランゴニ効果に基づくとみなせる激しい流れが生じ，しかもその流れは，厚さ 1mm 程度の液柱のような微小領域でも著しく速いものであることが明らかになった．このような微小液柱におけるマランゴニ対流の発現は 2-3-3 で述べたマランゴニ数 (Ma) の L への依存性からして，液体がこの程度（ϕ3mm×3mm）の大きさになると，重力場においても，マランゴニ対流が密度対流に優先して生じることを示すものであると考えることができる．

《溶接時のメタルプール》

溶接中のメタルプールの温度勾配は大きいので，温度勾配に起因するマランゴニ対流の生起が十分に考えられる[29]〜[31]．鉄を用いた

実験室的観察結果によれば，酸素濃度が低い場合の溶け込み形状は浅くなり，濃度が高い場合に深くなる[32]．これは，酸素濃度の増加によって，表面張力の温度係数が，数十 ppm を境にして，負から正に変わること[33]とよく対応している（図 4.10）．すなわち低酸素濃度の場合，メタル中心部（高温）から周辺部（低温，液相線濃度）への表面流動が，高濃度では逆に周辺部から中心部への表面流動が生じるからである（図 4.11）．実際の溶接においても，硫黄濃度と溶け込み形状の対応関係は，上記酸素の場合と同様，低濃度で浅く，高濃度で深くなることが観察されている．この結果は，表面張力の温度係数が硫黄濃度の増加とともに負から正に変わること[34]（図4.10)とよく対応している．ただ，実際の溶接作業下では，実験室的観察の場合と異なり，酸素分圧制御の難しさ，メタル組成の多様さ，メタルプール表面上の酸化物層の存在の可能性等があり，解析に際しては，これらの因子を考慮に入れる必要があろう．

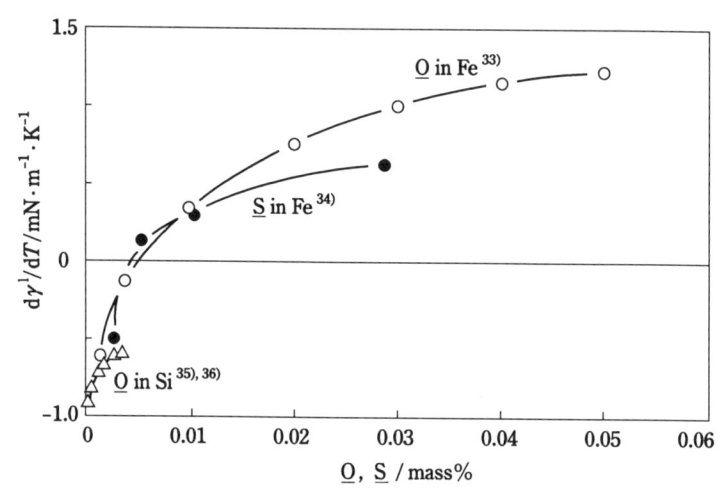

図 4.10 溶融鉄，シリコンの表面張力の温度係数の酸素，硫黄濃度による変化

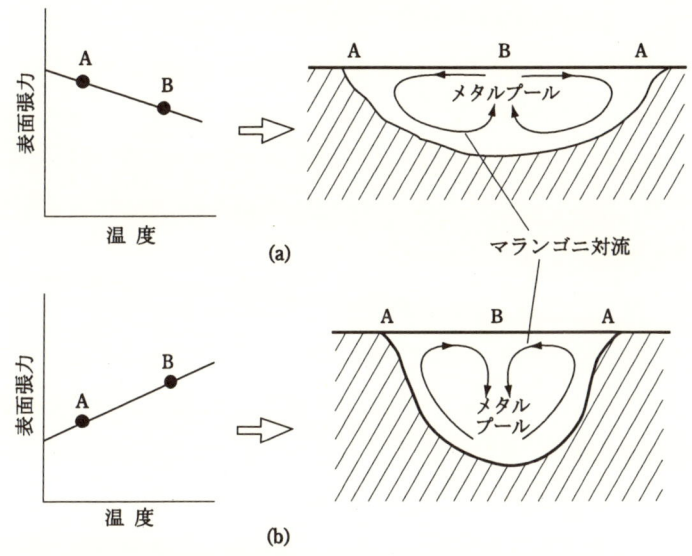

図 4.11 メタルプール内のマランゴニ対流とその形状
表面活性成分濃度が (a) 低い場合, (b) 高い場合

《シリコン液柱》

日比谷らは,シリコン液柱の温度勾配下におけるマランゴニ対流を,無重力下,X線透過装置を用いて,検出することに成功した[37]. さらに,熱電対を用いた液柱の温度振動の観測等を通して,マランゴニ対流の様態とマランゴニ数あるいは気相中酸素分圧との関連を詳しく調べた[37),38)].

ii) 電位の変化に基づくスラグ滴の伸縮[†]など

界面に沿って,電位の変化のみが存在するとみなせる条件のもとでの液体の運動の駆動力としては,電気毛管現象が存在する系では,式(2-62)の電位の変化に基づく界面張力勾配が考えられる.スラグ/メタ

[†] DVD. 3-2:電位の変化に基づくスラグ滴の伸縮,参照.

ル界面での電気毛管現象の存在の可能性は，これまでにも指摘され[39]てきてはいたが，スラグーメタル系では電位の変化に伴う電気化学反応によって融体の組成も変化するので，この変化による界面張力の変化との分離が従来の研究では十分になされていなかったといえる．筆者らは[40]，溶融 Pb 表面に PbO-SiO$_2$ スラグ滴を接触させた状態において，両相間の印加電圧 ψ を素早く変化させた場合，スラグ滴に可逆的な伸縮挙動が生じることを見出した．すなわち，Ar 雰囲気中，1073Kにおいて図 4.12 に示すように，溶融 Pb 上の PbO-30mol% SiO$_2$ スラグ滴 (0.1g) を Pt-20% Rh 線で支持した状態で，Pb (WE) と Pt-Rh 線 (CE) 間の印加電圧を速やかに変化させると，スラグ滴は印加電圧の変化に伴って，可逆的に伸縮運動を繰り返す．たとえば，印加電圧を 0V から −2V に変化させると，スラグ滴は一旦収縮した後伸張し，5s 後に停止する．その後，再び 0V にもどすと一旦収縮した後，伸張し，はじめ 0V の場合とほとんど同じ状態にもどって停止する．図 4.12 の角度 α を測定し，メタル，スラグの表面張力の値を用いて，メタル／スラグ間界面張力 γ^{ms} を，力学的平衡状態を仮定して算出すると，この

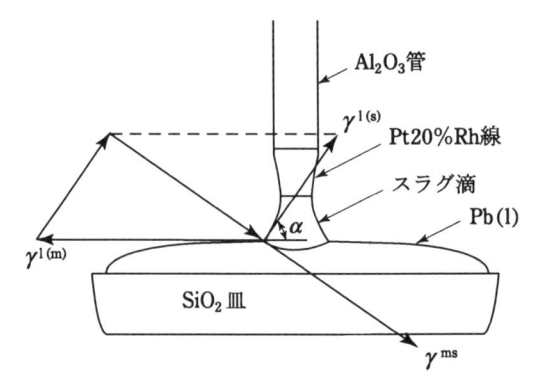

図 4.12 溶融 Pb 表面に接触した PbO-SiO$_2$ スラグ滴の形と visible angle α [40]

場合のγ^{ms}の変化は図 4.13 [40)]に示すようになる．すなわち，ψを0Vから-2Vに変化させた場合，γ^{ms}は最大値を経て，次に示す図 4.14 [40)]の$\psi=-2$Vのγ^{ms}に一致する値に落ち着く．γ^{ms}のこのような変化は，図 4.14[40)]に示す$\gamma^{ms}-\psi$曲線に沿って変化したものと考えることができ，しかもこの変化はほぼ可逆的である．スラグ滴の素早い伸縮運動と，γ^{ms}の可逆的な変化は，スラグ－メタル間反応で生じるスラグ組成の変化に起因しているとは考え難く，電気毛管現象に基づく界面張力の変化，すなわちマランゴニ効果が主因となって生じたものと考えることができる．

その後，Toguriら[41)]は，スラグ中でのCu_2S, FeS, マット，銅液滴の電位差に基づく運動を直接観察し，液滴の移動速度が，印加電場および滴の直径とともに増加することを報告した．

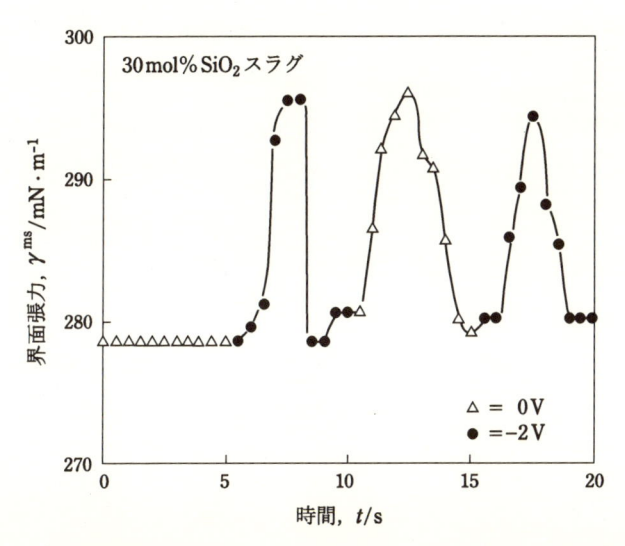

図 4.13 印加電圧の変化に伴う PbO-SiO_2 スラグ／Pb(l) 間界面張力の経時変化 [40)]

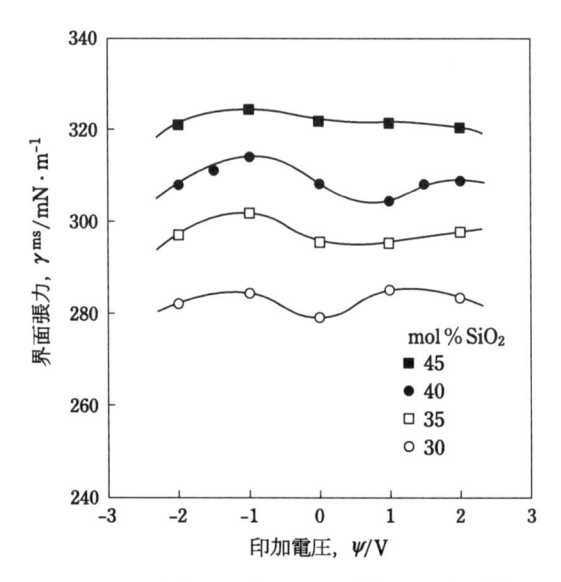

図 4.14 PbO-SiO$_2$ スラグ／Pb(l) 間の界面張力に及ぼす印加電圧の影響[40]

iii) 濃度勾配に基づくスラグフィルムの運動

界面に沿って，界面活性成分の濃度勾配のみが存在するとみなせる条件のもとでの融体の運動の駆動力としては，式 (2-62) の濃度勾配に基づく界面張力勾配が考えられる．ただ，この系でも 4-2-1 の i) の場合と同様，重力場では濃度勾配に基づく密度勾配の寄与を考えなければならない．しかも，流動状態にある高温融体界面の濃度勾配を検証することは非常に難しい．これまでにも，いくつかの高温冶金反応系において，濃度勾配に基づくマランゴニ対流の可能性が指摘されてきてはいたが*，実証性の点で十分に説得力のある結果は得られていなかった．

---

*筆者のレビュー[42]に示されるように，ガス－メタル間，スラグ－メタル間反応におけるマランゴニ対流の生起と反応速度への関与の可能性については，これまでに十数件を上回る研究結果が報告されている．

4章 高温融体の界面現象と材料プロセッシング

酸化物系耐火物のスラグ表面あるいはスラグ/メタル界面では，スラグ－耐火物間のぬれ性が良いので耐火物表面に沿って，スラグフィルムが形成される．このスラグフィルムと耐火物あるいはスラグフィルム－耐火物－メタル間反応によって，フィルム表面あるいはフィルム/メタル界面に濃度勾配が形成される．この濃度勾配によって活発なマランゴニ対流がスラグフィルムに生じ，しかもこのマランゴニ対流が，耐火物の局部溶損生起の主因となっていることが筆者らのグループにより，直接観察等をとおして明らかになった．その詳細を次項 **4-2-2** に述べる．

4-2-2 耐火物の局部溶損

鉄鋼製錬用耐火物が，スラグ/メタル界面，スラグ/ガス界面で局所的に溶損されること（局部溶損）はよく知られている．図 4.15[43] に高炉出銑樋のスラグ，溶銑による溶損の状態を示す．スラグ表面(SL)，スラグ/溶銑界面(ML) 付近における局部溶損の生起状態がはっきりと認められる．耐火物の局部溶損は耐火物の寿命を左右する重要な問題

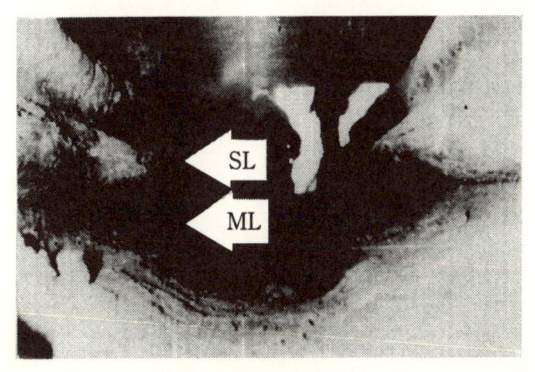

図 4.15　出銑口側からみた高炉出銑大樋の局部溶損 [43]
　　　　SL：スラグライン，ML：メタルライン

であり，これに対する効果的な対策が待ち望まれてきた．

ⅰ）酸化物系耐火物
《従来の研究》

歴史的には，まず酸化物系耐火物のスラグ表面における局部溶損が，ガラス溶融タンクのれんがにおいて，実用上の重大問題として取上げられた．この分野の研究の主要な成果は，例えば，Brückner[44),45)], Dunkel と Brückner[46)], および Busby[47)] の研究とレビューにみてとることができる．要約すれば，スラグ表面での局部溶損は，主として固体酸化物／溶融スラグ／気相の3相境界付近におけるスラグのマランゴニ効果による界面撹乱によって生じるとするものである．しかしこれらの研究は，水溶液系を中心とする室温付近でのモデル実験や，実際の耐火物－スラグ系に対しては凝固後の試料の観察，分析などをもとにした定性的な推定に留まっており，十分に説得力を持つものとは言い難かった．例えば，最初にこのメカニズムの原形となる概念を提唱したと考えられえる Jebsen-Marwedel[48)] の論文の9年後に，Vago と Smith[49)] はスラグ中の揮発成分が主因とする説を発表している．その後，主に凝固後の試料を用いて局部溶損現象をより詳細に調べた Löffler[50)] も，揮発成分の寄与を完全には否定してはいない．1980年代に入っても，Caley[51)] らが $PbO\text{-}SiO_2$ スラグ表面での局部溶損は気相中の酸素が主因となって生じるとの説を発表している．スラグ／メタル界面での酸化物の局部溶損についても，Brückner[45)], Sendt[52)], Schulte[53)] は，スラグ表面と同様，酸化物／溶融ガラス／メタルの3相境界付近において，ガラス／メタル界面に局所的な濃度差が生まれ，このために生じた界面張力差によって生じる界面撹乱が主因をなすと推定している．しかしこれらの研究では，マクロ，ミクロの両面にわたっての

局部溶損現象の正確な把握が十分でなく,しかもマランゴニ効果による界面撹乱の存在の証明に不可欠と考えられる界面張力勾配の存在,および3相境界付近の液相の運動(マランゴニ対流)の有無さえも確認されてはいない.1979年になってIguchiら[54]は,溶融金属/PbO-SiO_2スラグ界面におけるAl_2O_3の局部溶損が印加電圧に影響されることなどから,この系の局部溶損を電気化学的なメカニズムから説明することを試みている.このように本系の局部溶損については,いずれが主因なのか,それらの組み合せによるものなのか,あるいはまったく別のメカニズムによるものなのかの問いに,説得力のある答えは得られないままになっていた.この局部溶損に,マランゴニ効果が支配的な役割を果たしていることが明らかになってきた.すなわち,酸化物系耐火物の局部溶損は,上記のスラグ表面,あるいはスラグメタル界面付近で耐火物表面に形成されるスラグフィルムあるいはスラグメニスカスがマランゴニ効果により活発に運動することにより,耐火物からの溶解成分の物質移動が「拡散層を破る」ともいえる効果的な形で促進されて生じるものであることが,光学的あるいはX線透過装置を用いた直接観察による筆者らの一連の実験とその解析から明らかにされた.

《耐火物成分の溶解により表(界)面張力が増大する系の局部溶損》
【SiO_2(s)-(PbO-SiO_2)スラグ系】†

溶解成分がスラグの表面張力を増大させるSiO_2(s)-(PbO-SiO_2)スラグ系[55)~57)]では,図4.16[56]に示すように,垂直浸漬円柱SiO_2試料表面のスラグフィルムの流れは基本的には,幅の広い上昇流帯と,幅の

---

† DVD. 4-1-1:固体SiO_2のPbO-SiO_2スラグ表面における局部溶損,参照.

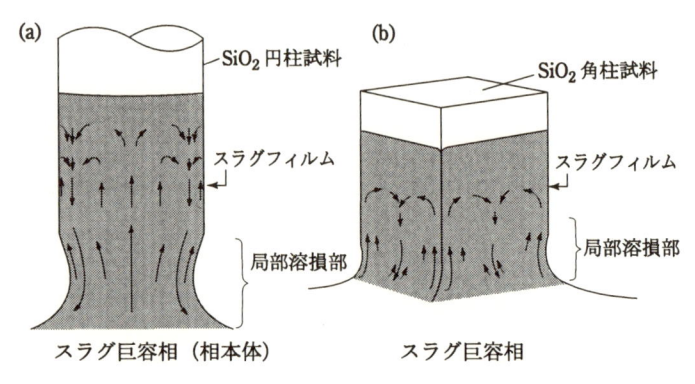

図 4.16 SiO$_2$ 試料表面に生じる PbO-SiO$_2$ スラグフィルムのフローパターン[56]

狭い下降流帯よりなるフローパターンを描く．円柱試料（図 4.16 (a)）では，両者の位置が時間とともに移動するが，角柱試料（図 4.16 (b)）では，常に稜部が上昇流帯，平面部が下降流帯である．上昇流帯では，スラグフィルムの上昇とともに SiO$_2$ が溶解していくので，フィルムの SiO$_2$ 濃度は上に進むに従って高くなる．PbO-SiO$_2$ スラグの表面張力は SiO$_2$ 濃度とともに増大するので[58]，図 4.17 に示すように，フィルムは上方に引っ張り上げられて上昇流が持続する．この上昇流によりフィルムの上部にスラグが蓄積されると，その部分のフィルムが厚くなる．上部のフィルムの表面張力は大きいので，厚くなったフィルムは滴を形成しやすくなり，滴状の部分はついには重力によって下方に引き下げられ下降流となる．この系の局部溶損は，スラグ巨容相から供給される新鮮なスラグフィルムによって，上記のように試料表面が活発に洗われる領域で進行し，とりわけ，スラグフィルムの上昇流帯が局部溶損を推進する主要部分になる．そして，角柱試料では，図 4.16 (b) に示すように，稜部が常に上昇流で洗われるので，SiO$_2$ 濃度の高い下降流によって洗われる平面部に比べて，溶損速度が著しく大き

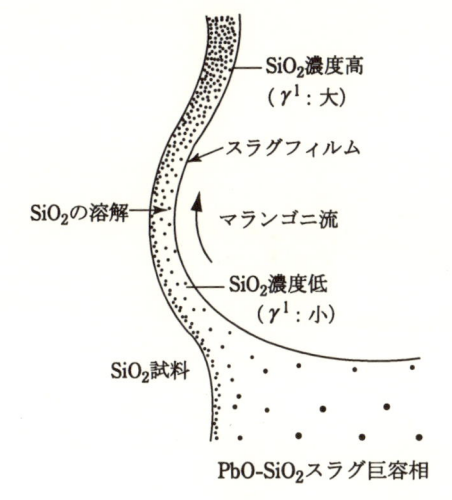

図 4.17 図 4.16 のスラグフィルム上昇流（マランゴニ流）発生のメカニズム

くなり，局部溶損部の水平断面は時間の経過とともに，もとの正方形から円形に近づく．

　上昇流帯のスラグフィルムの流れは，実測された表面張力勾配とフィルム厚さの値を用いて，流体力学的に解析した結果でよく説明できる．

【$SiO_2(s)$ - (PbO - SiO_2) スラグ – $Pb(1)$ 系】[†]

　$SiO_2(s)$ の局所溶損は，透明 SiO_2 るつぼに Pb と PbO - SiO_2 スラグを入れて溶融した場合も Pb／スラグ界面で生じる[59),60)]．この場合スラグフィルムは $Pb(1)$ と SiO_2 るつぼ内壁の間に形成され，下降流と上昇流の存在が光学的直接観察によって確認される．スラグフィルムへの SiO_2 の溶解は，Pb - (PbO - SiO_2) スラグ間の界面張力を増大させるので[40)]，スラグフィルムの上下方向の SiO_2 濃度勾配によって誘起されるマランゴニ効果によりスラグフィルムは引き下げられて，下降流が

---

† DVD. 4-1-2:固体 SiO_2 の PbO - SiO_2 スラグ／Pb 界面における局部溶損, 参照.

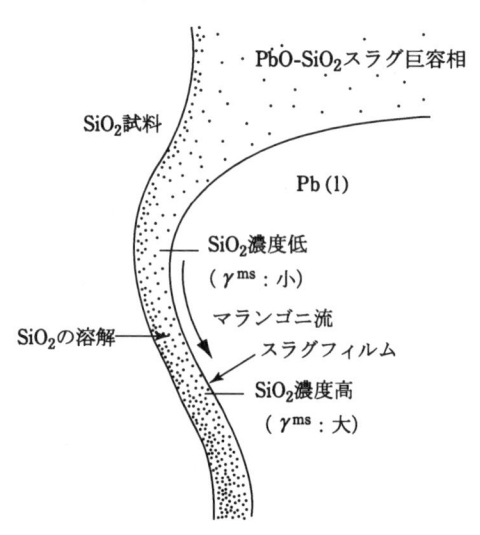

図4.18 PbO-SiO$_2$スラグ／Pb(l)界面の局部溶損部におけるスラグフィルム下降流（マランゴニ流）発生のメカニズム

発生する（図4.18）. ちょうど, 図4.17に示す上記 SiO$_2$(s)-(PbO-SiO$_2$)スラグ系のスラグフィルムの運動を上下に入れ替えた場合と考えることができ, その場合, 気相がPb(l)に置き換わる. このようなスラグフィルムの運動が, 前述の SiO$_2$(s)-(PbO-SiO$_2$)スラグ系での局所溶損, すなわち溶解成分がスラグの表面張力を増大させる系での局所溶損と基本的には同様のメカニズムで, 溶解成分 SiO$_2$ の物質移動を効果的に促進し, 局部溶損を生ぜしめる.

---

*なお, 巨容相スラグの流動下での溶損速度と局部溶損速度との比較についても, 次の結果を得ている[57]. 直径1cmのSiO$_2$試料棒をPbO-SiO$_2$スラグ中で回転侵食させた場合, 300rpm（相対速度16cm/s）での溶損速度が, 静止状態における最大局部溶損部での溶損速度に相当することがわかった. また, 試料の回転により局部溶損速度も増大し, 回転速度との間に相乗効果のあることが明らかになった.

4章　高温融体の界面現象と材料プロセッシング

上述のような，表（界）面張力を増大させる系の局部溶損としては，他にも，マグネシア・クロム質耐火物－スラグ系[61]，高炉出銑樋材－スラグ－溶銑系[43),62),63)]がある＊（前頁脚注参照）．

《耐火物成分の溶解により表（界）面張力が減少する系の局部溶損》[†]

溶解成分がスラグの表面張力を減少させる $SiO_2(s)-(Fe_tO-SiO_2)$ スラグ系[64]では，図4.19[65)]に示すように，スラグメニスカスは，ちょうど横波が岸壁を洗うように円柱試料表面に沿って回転したり，あるいは浜辺に波が打ち寄せるように，全体としての上下運動をくりかえす[65)]．

このようなメニスカスの運動を支配する因子としては，① SiO_2 の溶解に伴うスラグメニスカスの表面張力と密度の変化，②固体 SiO_2 －スラグ間の接触角の変化，および③マランゴニ効果が考えられる．本測定系の場合，接触角の変化は検出できない程度のわずかなものであるので，①の因子すなわちラプラスの式(2-61)で表される静的な釣り合いによって決まるメニスカス形状の変化が支配的影響を与えるものと考えられる．しかし，メニスカスの運動のより正確な解析には，③の

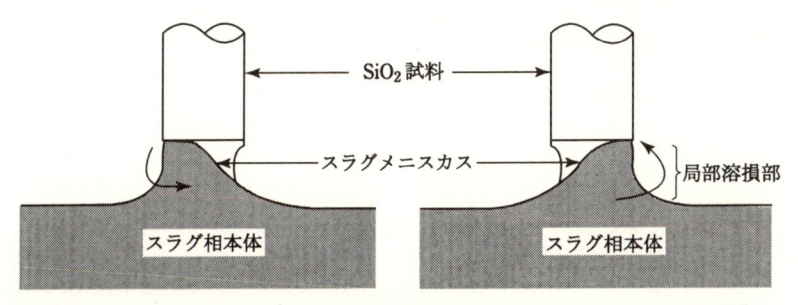

図4.19　SiO_2 試料表面に生じる $FeO-SiO_2$ スラグメニスカスの運動[65)]

[†] DVD. 4-2-1：固体 SiO_2 の $FeO-SiO_2$ スラグ表面における局部溶損，参照．

```
         SiO₂試料
            |
            |         ─ SiO₂濃度高
                         ( γ¹ : 小 )
  SiO₂の溶解 ─
                           ─ スラグメニスカス(フィルム)
                              SiO₂濃度低
                              ( γ¹ : 大 )

         FeO-SiO₂スラグ巨容相
```

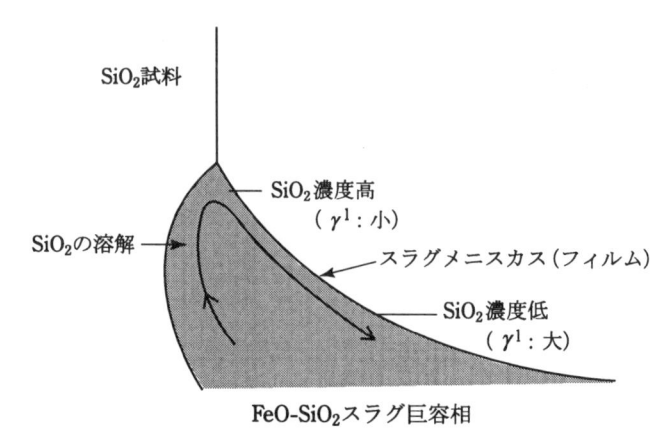

図 4.20 $SiO_2(s)$-(FeO-SiO_2) スラグ系局部溶損部のスラグメニスカスのマランゴニ流発生のメカニズム[65]

寄与,あるいは系の種類によっては,②の寄与も考慮しなければならないであろう.それとともに,メニスカス表面には,溶解成分 SiO_2 との濃度勾配の形成によって試料から遠ざかる方向への活発なマランゴニ対流(図4.20)も生じていることが,実験結果から裏付けられる.このようなメニスカスの運動が主因となって生じる系の局部溶損のくびれは鋭く,上下方向の幅は狭い.しかも,角柱状試料の局部溶損の水平断面は,$SiO_2(s)$-(PbO-SiO_2) スラグ系とは異なり,もとの四角形を保ったまま溶損が進行する[65].上述のような,表(界)面張力を減少させる系の局部溶損としては,他に,樋材−スラグ系[66],マグネシア・クロム質耐火物−スラグ−溶鋼系[67]がある.

《耐火物成分が溶解しても表面張力が変化しない系》

ところで,Na_2O-SiO_2 系スラグの表面張力は SiO_2 濃度が増加してもほとんど変化しない[68].この Na_2O-SiO_2 スラグ中に固体 SiO_2 試料を部分的に浸漬した場合も,スラグ/ガス界面付近の試料表面に沿って

スラグフィルムは形成されるが,実験によっては,スラグフィルムの運動も局部溶損もいずれも検出されない[69].

ii) 酸化物−非酸化物系複合耐火物[†]

近年鉄鋼精錬用耐火物の材質に大きな変化,すなわち,従来の伝統的な酸化物系耐火物から,酸化物にグラファイト等の非酸化物を加えた複合耐火物への変化が起きている.しかし,このような複合耐火物にも,スラグ/メタル(溶鋼)あるいはスラグ/ガス界面,特にスラグ/メタル界面で顕著な局部溶損が生じる.

Hauck と Pötschke[70]は浸漬実験法により,Al_2O_3 とグラファイトを主成分とする連鋳用浸漬ノズル材のパウダー/メタル界面における局部溶損を,$CaO-Al_2O_3-SiO_2$ スラグおよび $CaO-Al_2O_3-CaF_2$ スラグなどを用いて調べた.その結果,凝固後の局部溶損部にはメタル−ノズル材間にスラグが存在することを見出した.そして,ノズル材/スラグ/メタル3相境界付近において,ノズル材−スラグ間の化学反応がノズル材−スラグ−メタル間の界面張力勾配を誘起すること,そのために界面撹乱が発生し,CO ガスによる撹拌効果と相まって物質移動速度を増大させ,局部溶損が生じると推論した.この論文は筆者の知る限り,金属製錬分野の研究雑誌において,マランゴニ効果が局部溶損の主因になり得ると明確に述べた最初のものである.しかし,この論文も局部溶損に関する初期の研究と同様,マクロ,ミクロの両面における現象の実証的把握が十分でなく,したがって提唱された局部溶損のメカニズムは実証性,具体性の点で十分なものとは言い難かった.

筆者らは Hauck ら[70]と同様の系を用いて別個に研究を進め,X 線

[†] DVD. 4-3-1:アルミナ・グラファイト質耐火物の局部溶損,および
　DVD. 4-3-2:マグネシア・カーボン質耐火物の局部溶損,参照.

透過装置を用いた直接観察等による一連の実験と解析から，この系の局部溶損が以下のようなメカニズムで進むものであることを明らかにした[71),72)]．

この系のスラグ/メタル界面における局部溶損は，耐火物中のAl_2O_3[71),72)]，MgO[73),74)]等の酸化物およびグラファイトに対するスラグおよびメタルの，それぞれの溶解度とぬれ性の相違（表4.1参照）により，図4.21に示すように，耐火物/スラグ/メタル3相境界が周期的に上下運動を行うことにより生じる．すなわち，図4.21[71)](a)に示すように，スラグ/メタル界面が下降期にあるときは，ノズル材とメタル間にスラグが浸入し，スラグフィルムが形成され，ノズルから酸化物がスラグフィルムに溶解する．その結果，ノズル材表面がグラファイトに富むようになると，グラファイトとのぬれ性の悪いスラグフィルムがはじかれ後退し，ぬれ性の良いメタルによりノズル材表面が濡らされてスラグ/メタル界面が上昇する（図4.21(b))．このスラグ/メタル界面の上昇期においては，メタルと直接接触したグラファイトがメタル中に速やかに溶解する．そのためノズル材表面が酸化物に富むようになると，酸化物とのぬれ性の良いスラグが上部のスラグ相から浸入して再びスラグフィルムが形成される．この過程の繰り返しにより局部溶損が進行する．したがって，スラグ/メタル界面の上下運動の1サイクルに要する時間が短くなるほど局部溶損速度は増大する．3相境界

表4.1 酸化物および炭素に対するスラグおよびメタル（溶鋼）それぞれの溶解度とぬれ性の相違

	溶解度		ぬれ性	
	スラグ	メタル	スラグ	メタル
酸化物	大	極小	良	悪
炭　素	小	大	悪	良

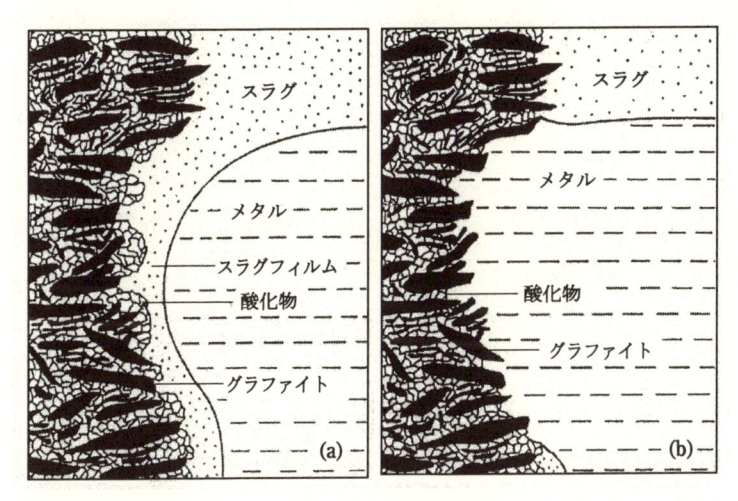

4章 高温融体の界面現象と材料プロセッシング 143

図 4.21 酸化物・カーボン質耐火物のスラグ／メタル界面における
局部溶損のメカニズム[71]

の下降期（図 4.21 (a)）には，酸化物系耐火物のスラグ／メタル界面での局部溶損と同様，スラグフィルムのマランゴニ対流により，酸化物成分のフィルム中への溶解が促進される．本系では，また，局部溶損部の耐火物／スラグ／メタル3相境界付近から気泡が活発に発生する．特にマグネシア・カーボン質耐火物の場合，気泡の発生は，耐火物中のグラファイト含有量およびスラグ中の酸化鉄濃度が高くなるとますます活発になり，ついには耐火物ースラグ間にガスカーテンといえるガス層を形成する．このガスカーテンは耐火物の保護層の役目を果たし，局部溶損速度を減少させる[74]．

耐火物の局部溶損の本質は，このように，マランゴニ効果，ぬれなどが重要な役割を果たす典型的な界面現象とみなすことができる．まさに「恐るべき表面張力の作用」が，局部溶損の研究を通して具体的に明らかになったといえよう．例えば，$SiO_2(s)$-$(PbO$-$SiO_2)$ スラグ系のように，固体酸化物の溶解成分がスラグの表面張力を増大させる系

では，ワインの涙[75]と同様の機構に基づいて局部溶損が生じる．科学者 Thomson[75]の目がとらえた日常の何気ない現象が，実は百余年後に工学上の重要問題となる課題を解決する鍵を握っていたと言えそうである．

すでに，金属の湿腐食のメカニズムは局部電池の概念に基づいてよく説明できることが明らかになっているが，本項 (4-2-2) に述べたように，酸化物あるいは酸化物を構成成分の一つとする耐火材料の局部溶損のメカニズムについても，マランゴニ効果等界面物理化学に基づいた学問的体系づけが着実になされつつある．

これらの成果は実用的には，耐火材料の開発，改良に際して，その出発点を確実に前に進めるとともに，それ自身高温の界面物理化学の発展にも貢献するものである．実用の観点からは今後さらに，マランゴニ対流に起因する局部溶損の速度を，実操業の条件も考慮に入れて定量的に記述することを通して，局部溶損防止のためのより効果的な対策を究明することが一つの重要な課題であると考えられる．

4-2-3 界面張力勾配下での液体中微粒子の運動

溶鋼中に分散した非金属介在物や気泡などの微粒子が凝固時，鋼中に取り込まれると，鋼中でのそれらの存在状態が鋼材の特性に密接に影響する．このような，溶鋼中での微粒子の挙動に，界面の性質が重要な影響を与えることが明らかになりつつある．

具体的には，微細な気泡，固体粒子は界面張力勾配のもとで，界面張力の大きい方から小さい方へ運動するということであり，このことが，界面活性成分の濃度勾配が存在する精錬の各プロセス，例えば，連鋳用浸漬ノズル内壁近傍の溶鋼，あるいは凝固界面前面の溶鋼中などでは，微粒子の挙動を支配する主要因になり得るとするものである．

粒子の運動の駆動力は，次のラプラスの式(4-2)で示される圧力勾配に起因する．

$$p^p - p^l = \frac{2\gamma^{pl}}{r_p} \quad \cdots\cdots\cdots\cdots\cdots\cdots\cdots\cdots\cdots\cdots\cdots (4\text{-}2)$$

ここでp^p, p^l はそれぞれ粒子内，液相中の圧力，γ^{pl} は粒子／液相間界面張力，r_p は粒子(球)の半径．

Kaptayら[76]はこの力を向井らの論文[77]から，F_{ML}と称したが，式(4-2)に基づくラプラス効果といえるものでもあるので，もし呼称をつけるとすれば「MLL効果」がより適切であろう．

この現象は液体が運動するマランゴニ対流とは異なり，かわりに粒子が運動する形をとる．しかし，界面張力勾配により誘起されるという意味では，広義のマランゴニ効果と称してよいであろう．

i) 表面張力勾配下水溶液中微細気泡の運動 [77] †

水溶液中の微細水素気泡の表面に沿って，表面活性成分 $C_{18}H_{29}SO_3Na$ の濃度勾配に基づく表面張力勾配が存在すると，気泡は表面張力の高い方から低い方に向かって運動する．このことを直接観察によって明らかにした．また，微細気泡が剛体粒子(球)とみなせる条件のもとでの粒子の運動速度(終速)を，ラプラスの式(4-2)をもとに導出し，次式を得た．

$$V_I = \frac{-4rK_\gamma}{9\eta} \quad \cdots\cdots\cdots\cdots\cdots\cdots\cdots\cdots\cdots\cdots (4\text{-}3)$$

ここでV_Iは粒子の速度，K_γは運動方向に沿う表面張力勾配，ηは液相

---

† DVD. 5-1：表面張力勾配が定常状態にある場合の運動，参照．

の粘度である.

式(4-3)によって，直径100μm以下の気泡の運動速度（測定結果）を合理的に記述することができた．垂直方向の表面張力勾配（上方ほど大）が0.157N/m^{2}のもとでは，気泡の直径が70μm以下になると，気泡は浮力に打ち克って沈むという奇妙な現象が明確に観察される.

上記微細気泡の運動は流体力学的には，気泡だけでなく液滴，固体粒子でも同様であるとみなせるので，気泡，介在物を含む精錬プロセスの各種素過程に深く関わっている可能性が大きい.

ii) 凝固界面での微粒子の捕捉，押し出し[†]

液相中の微粒子が凝固進行中の固液界面に捕捉されるか，押し出されるかの問題は，鉄鋼製錬に限らず，広く材料工学の問題にかかわる重要な現象である．この研究の詳細については，筆者のレビューを参照されたい[78]．よく知られているように，凝固進行中の液相側には一般に，凝固の進行に伴って吐き出される溶質が蓄積され，溶質の濃度勾配が形成される（図4.22参照）．したがって，溶質が界面活性成分の場合，濃度勾配が存在する領域内の粒子は，この濃度勾配に基づく界面張力勾配によって誘起される力F_I（図4.22）により，固液界面に吸い寄せられて捕捉されやすくなるはずである．しかし，上記のレビュー[78]でも指摘したように，従来の研究にはこの濃度勾配の効果がまったく考慮に入れられていない.

この現象の解明のため，水溶液の凝固界面前面での微細気泡の挙動の直接観察を行った[4]．その結果，表面活性剤$C_8H_{17}SO_3Na$を微量に含む水溶液の垂直凝固界面前面の水素気泡は界面に100μm程度まで近

[†] DVD. 5-2：水溶液の凝固界面近傍における運動, 参照.

図 4.22 水溶液の凝固界面（左から右に進行）近傍の気泡に働く力と速度[4]

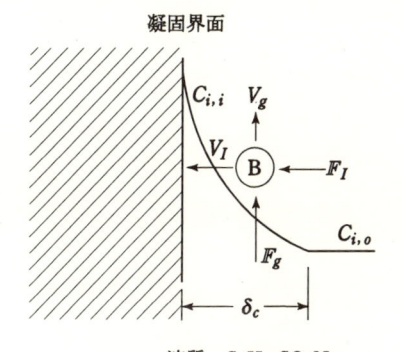

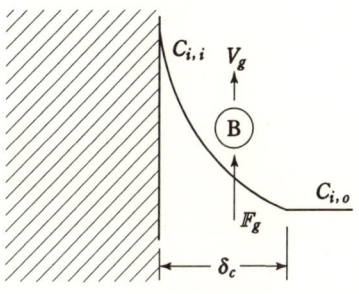

- B : 気泡
- $C_{i,i}$: 界面近傍の溶質濃度
- $C_{i,o}$: 巨容相の溶質濃度
- F_I : 界面張力勾配により誘起される力
- V_I : F_I に起因する速度
- F_g : 浮力（重力により誘起）
- V_g : 浮力に起因する速度
- δ_c : 濃度境界層厚さ

づくと，垂直に浮上していた軌跡を瞬時に変え，凝固界面に向かって水平に素速く移動し捕捉される．そして氷の中が気泡だらけのいわゆる「汚ない氷」になる（図4.23）．しかし，水の表面張力をほとんど変化させないNaClを上記表面活性剤と同程度の濃度加えた水溶液では，水素気泡は垂直に浮上するだけでまったく捕捉されず，気泡を含まない「きれいな氷」となる（図4.24参照）．さらに，ジェット機を用いた放物線飛行による無重力状態のもと，マッハツェンダー干渉計を用いた実験によって，上記微細気泡は凝固界面前面の濃度勾配が検出される領域においてのみ，界面に向かって移動することが明確に確認できた[79]．上記水素気泡の挙動は，式(4-3)と，凝固界面の水溶液中の表面活性成分の濃度分布とを組み合わせた式で基本的に記述できる[4]．

すでに，溶鉄の凝固界面による気泡，介在物の捕捉，押し出しについては，上記の濃度勾配の効果を考慮に入れた解析を行い，溶質成分

凝固界面
氷 ｜ 水溶液

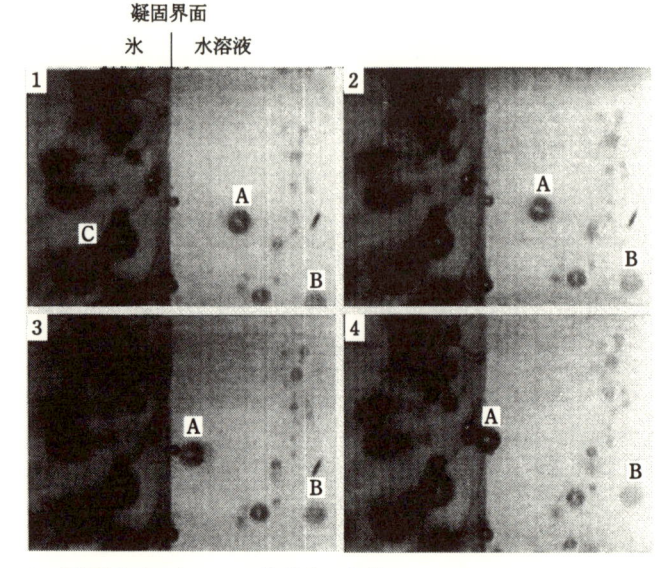

A：凝固界面に向かって移動中の気泡
B：浮上中の気泡
C：氷の中に捕捉された気泡
フレーム間時間間隔：1/30 s

100 μm

図 4.23 $C_8H_{17}SO_3Na$ 水溶液の凝固界面前面における気泡の挙動 [4]

として O, S, Ti 等が存在する場合，気泡，介在物は凝固界面に速やかに吸い寄せられる可能性のあることを指摘してはいた[80]．上記水モデル系の実験と解析は改めてその可能性を証拠づける結果となった．さらに実操業での鋼中残留気泡，介在物と，O, S, N, Ti, B, Nb 等界面活性成分濃度との関係を，式 (4-3) 等を用いて定式化し，合理的に記述することができた[81), 82)]．この結果は，気泡・介在物の少ない健全な鋼を得るための一つの指針になりうる．

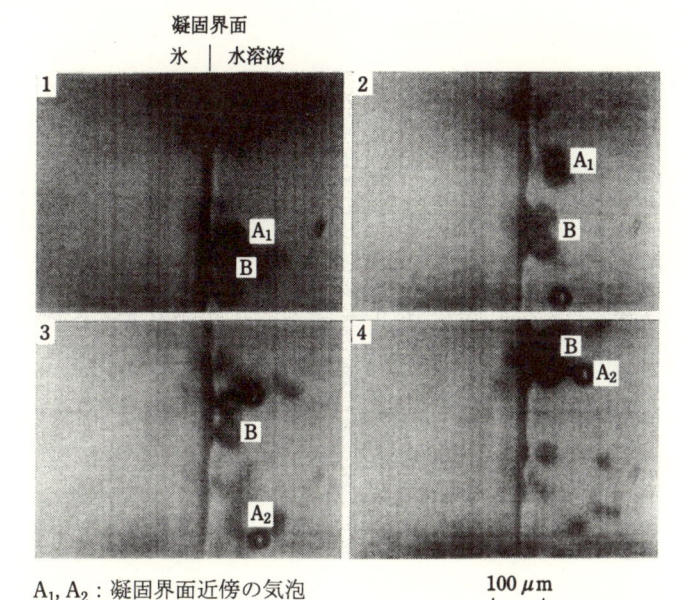

4章 高温融体の界面現象と材料プロセッシング

凝固界面
氷 ｜ 水溶液

A_1, A_2：凝固界面近傍の気泡
B：凝固界面上の気泡
フレーム間時間間隔：4/15 s

100 μm

図 4.24 NaCl 水溶液の凝固界面前面における気泡の挙動 [4]

iii) 浸漬ノズルの閉塞 [83],[84]

溶鋼の連続鋳造に用いられる浸漬ノズルでは，その内壁に介在物（おもに，Al_2O_3）が付着，集積して，ノズル閉塞現象が生じ，連鋳操業上の重大問題になっている．この閉塞現象にも，界面張力勾配駆動型運動が深くかかわっている可能性がある．現在多用されている SiO_2 含有 Al_2O_3-グラファイト系ノズル材と溶鋼間界面では，次式(4-4)等で示されるノズル内反応により生じた SiO, CO ガスが溶鋼に溶解する過程で，界面に Si, C の濃度勾配が形成される．

$$SiO_2(s) + C(s) = SiO(g) + CO(g) \quad \cdots\cdots\cdots\cdots\cdots\cdots (4\text{-}4)$$

いずれの成分も Al_2O_3/溶鋼間界面張力を低下させるので，介在物は界面に吸い寄せられる（図4.25参照）．界面近傍に近づいた溶鋼中介在物が，ノズル壁面まで移行する過程が介在物付着のプロセスに支配的役割を果たしているとすれば，SiO, CO ガスを生成しない，あるいはそれらのガスを溶鋼に供給しないようなノズル材を用いれば，介在物の付着は少なくなるはずである．そこで，ノズル材中で発生する SiO, CO ガスの溶鋼への移行経路を絶ち，ノズル内壁近傍の Si, C の濃度勾配に基づく介在物/溶鋼間界面張力勾配を抑制する目的で，高純度アルミナ層をノズル内壁に取り付けた．その結果，介在物付着が著しく減少し，ノズル閉塞が抑えられ，実操業で良好な結果が得られた．連鋳操業上，吹き込みアルゴンガスの量はできるだけ少なくすることが望ましいが，高純度 Al_2O_3 材の使用で注目されるのは，吹き込み

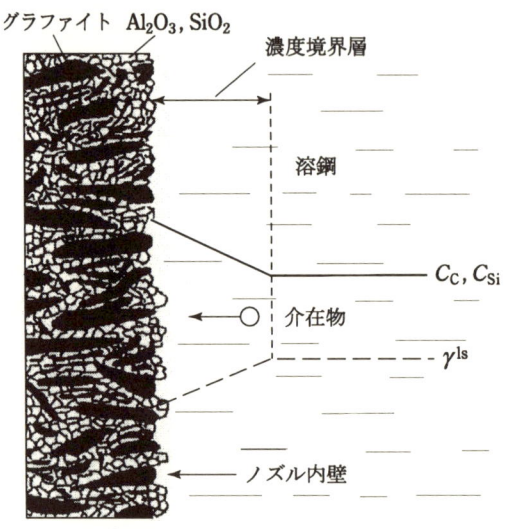

γ^{ls}：溶鋼/介在物間の界面張力
C_C, C_{Si}：C, Si 濃度

図4.25 溶鋼/浸漬ノズル内壁間界面付近の溶鋼中介在物の挙動 [81]

アルゴンガス量を少なくしても，介在物付着が著しく少ないことである[81]。

さらに，上記の考えをより積極的に応用することによって，次のようなノズル材の開発が可能になると考えられる．たとえば，介在物（おもに Al_2O_3）がノズル内壁より遠ざかるにつれて，界面張力が小さくなるような状態，すなわち，図 4.25 と反対方向の界面張力勾配を与えるようなノズル材である．筆者はノズル材の酸化物成分として，Al_2O_3 に替えて，ドロマイトを使用することを提案してきた．ドロマイトは脱硫能が高く，溶鋼中硫黄 $\underline{S}$ を吸収する，すなわち脱硫材として作用しうる．それゆえ，もしこの脱硫反応速度が $\underline{S}$ の拡散律速であれば，$\underline{S}$ 濃度が内壁から離れるに従って増大するという形の濃度勾配をもつ領域が形成される．その場合，この領域内の介在物は界面張力勾配により，内壁から離れる方向への力 F_I を受けることになり，より積極的に介在物付着を防止できることになる．最近になって，実用に耐えうるドロマイト-グラファイト系ノズル材[85]が開発され，実操業において，非常に良好な結果が得られている．

ただ本項，4-2-3 においては，固体粒子も気泡と同様，界面張力勾配下で動きうるものとして取り扱ってきた．すでに地上の実験においては，純水中，温度勾配（上方ほど高温）のもと，微細黒鉛粒子の沈降速度が遅くなること[86),87]，豚の血液中の白血球がケモカイン濃度勾配下で，濃度の高い方向へ動くことを確認[88]している．しかし，無重力のもとでの界面張力勾配による微細固体粒子の運動は未だ確認できていない．また，溶鋼中介在物が界面張力勾配のもとで動きうることを，直接に確かめるすべも現時点では見出されていない．

4-2-3 の iii) においては，界面張力勾配駆動型運動を溶鋼中介在物にも適用できるものとして取り扱った．その結果，上述のように，実際

に鋼の精錬プロセスの重要技術課題の解明とその対策に，具体的成果を見出すことができた．あえて取り上げた次第である．

しかし，上記固体微粒子の運動に関する部分の本質的解明は，なお今後の研究に待たねばならず，また研究の進展を願うものである．このような，界面張力勾配のもとでの微粒子の挙動の解明は学問的には，非平衡状態における化学ポテンシャルと流体力学とのかかわり，すなわち physicochemical hydrodynamics の新しい分野を広げるものである．さらに，この現象は鋼精錬に限らず，自然科学全般の広い範囲に及ぶ重要現象である可能性が大きい．

【参考文献】

1) 坂尾 弘, 向井楠宏：鉄と鋼, **63** (1977), 513
2) Z. Wang, K. Mukai and D. Izu: ISIJ Int., **39** (1999), 154
3) Z. Wang, K. Mukai, Z. Ma, M. Nishi, H. Tsukamoto and F. Shi: ISIJ Int., **39** (1999), 795
4) Z. Wang, K. Mukai and I. J. Lee: ISIJ Int., **39** (1999), 553
5) 向井楠宏, 陶 再南, 後藤 潔, 李 祖樹, 高島利康：耐火物, **53** (2001), 390
6) 松下泰志, 向井楠宏, 大内龍哉, 佐坂勲穂, 吉富丈記：耐火物, **55** (2003), 120
7) 松下泰志, 向井楠宏：鉄と鋼, **90** (2004), 429
8) 大久保益太, 宮下芳雄, 今井僚一郎：鉄と鋼, **54** (1968), S59
9) H. Suito, H. Inoue and R. Inoue: ISIJ. Int., **31** (1991), 1381
10) K. Wasai and K. Mukai: ISIJ. Int., **42** (2002), 467
11) 新宮秀夫, 石原慶一：日本金属学会会報, **25** (1986), 16
12) K. Wasai and K. Mukai: Metallurgical and Materials. Trans. B, **30B** (1999), 1065
13) K. Wasai, K. Mukai and A. Miyanaga: ISIJ. Int., **42** (2002), 459
14) Y. Ogawa and N. Tokumitsu: 6th Int. Iron and Steel Cong., Vol.1, ISIJ, Tokyo, (1990), 147
15) 向井楠宏：鉄と鋼, **77** (1991), 856
16) 向井楠宏, 中村 崇, 寺島英俊：鉄と鋼, **78** (1992), 1682

17) Y. Zhang and R. J. Fruehan: Metallurgical and Materials Trans. B, **26B** (1995), 803
18) M. Byrne and G. R. Belton: Metall. Trans. B, **14B** (1983), 441
19) 例えば,J. Lee and K. Morita: ISIJ Int., **43** (2003), 14
20) G. S. Ershov and V. M. Bychev: Russ. Metall., **4** (1975), 45
21) Z. Jun and K. Mukai: ISIJ. Int., **38** (1998), 1039
22) N. Hirashima, R. T. C. Choo, J. M. Toguri and K. Mukai: Metallurgical and Materials Trans. B, **26B** (1995), 971
23) Z. Jun and K. Mukai: ISIJ. Int., **38** (1998), 220
24) Z. Jun and K. Mukai: ISIJ. Int., **39** (1999), 219
25) Z. Jun, F. Shi, K. Mukai and H. Tsukamoto: ISIJ. Int., **39** (1999), 409
26) T. Nakamura, K. Yokoyama, F. Noguchi and K. Mukai: Moltnen Salt Chemistry and Technology, Materials Science Forum, Trans. Tech. Publications, Switzerland, **73-75** (1991), 153
27) K. Morinaga, T. Yanagase, Y. Ohta and Y. Ueda: TMS Paper Selection, (1979), A-79-18
28) N. Imaishi, S. Yasuhiro, T. Nakamura and K. Mukai: 18th Int. Symp. on Space Technology and Science, Kagoshima, Japan, (1992), 2179
29) 石崎敬三, 荒木信男, 村井英夫：溶接学会誌, **34** (1965), 146
30) C. R. Heiple and J. R. Roper: W. J., **61** (1982), 97s
31) C. R. Heiple, J. R.Roper, R. T. Stagner, and R. J. Aden: W. J., **62** (1983), 72s
32) 向井楠宏, 渡辺美樹雄, 山田龍浩, 瀧内直祐, 篠崎信也：日本金属学会誌, **55** (1991), 36
33) 瀧内直祐, 谷 貴之, 田中泰邦, 篠崎信也, 向井楠宏：日本金属学会誌, **55** (1991), 180
34) S. I. Popel, B. V. Tsarevski, V. V. Pavlov and E. L. Furman: Izv. Akad. Nauk SSSR, Met., (1975), 54
35) 牛 正剛, 向井楠宏, 白石 裕, 日比谷孟俊, 柿本浩一, 小山正人：日本結晶成長学会誌, **24** (1997), 369
36) K. Mukai, Z. Yuan, K. Nogi and T. Hibiya: ISIJ Int., **40** (2000), Supplement S148
37) T. Hibiya, S. Nakamura, T. Azami, M. Sumiji, N. Imaishi, K. Mukai, K. Onuma and S. Yoda: Acta Astronautica, **48** (2001), 71
38) T. Hibiya: J. Materials Science, **40** (2005), 2417

39) 例えば, B. V. Patrov: Surface Phenomena in Matallurgical Processes, ed. A. I. Belyaev, Consultants Bureau Enterprises, Inc., (1965), 129
40) K. Mukai, J. M., Toguri, I. Kodama and J. Yoshitomi: Can. Metall. Q., **25** (1986), 225
41) R. T. C. Choo and J. M. Toguri: Can. Metall. Q., **31** (1992), 113
42) 向井楠宏：まてりあ, **34** (1995), 395
43) 向井楠宏, 吉富丈記, 原田 力, 古海宏一, 藤本章一郎：鉄と鋼, **70** (1984), 541
44) R. Brückner: Glastech. Ber., **53** (1980), 77
45) R. Brückner: Glastech. Ber., **40** (1967), 451
46) M. Dunkel, and R. Bruckner: Glastech. Ber., **53** (1980), 321
47) T. S. Busby: Glass Thechnol., **20** (1979), 117
48) H. Jebsen-Marwedel: Glastech. Ber., **29** (1956), 233
49) E. Vago and C. E Smith: Ⅶ Int. Congress Glass, Brussels, (1965), Ⅱ. 1. 2/62. 1
50) J. Löffler: Glastech. Ber., (1968), 513
51) W. F. Caley., B. R. Marple and C. R. Masson: Can. Metall. Q., **20** (1981), 215
52) A. Sendt: Ⅶ^e Congres Int. du Verre, Bruxelles, (1965) 352
53) K. Schulte: Glastech. Ber., **50** (1977), 181
54) Y. Iguchi, G. J. Yurek and J. F. Elliott: Third Int. Iron and Steel Congress, ASM, Chicago, (1978), 346
55) 向井楠宏, 岩田 章, 原田 力, 吉富丈記, 藤本章一郎：日本金属学会誌, **47** (1983), 397
56) 向井楠宏, 原田 力, 中野哲生, 平櫛敬資：日本金属学会誌, **49** (1985), 1073
57) 向井楠宏, 原田 力, 中野哲生, 平櫛敬資：日本金属学会誌, **50** (1986), 63
58) 日野光久, 江島辰彦, 亀田光雄：日本金属学会誌, **31** (1967), 113
59) 向井楠宏, 増田竜彦, 合田広治, 原田 力, 吉富丈記, 藤本章一郎：日本金属学会誌, **48** (1984), 726
60) K. Mukai, K. Gouda, J. Yoshitomi and K. Hiragushi: Third Int. Conf. on Molten Slags and Fluxes, The Inst. of Met., London, (1988), 215
61) 陶 再南, 向井楠宏, 吉永周一郎, 小形昌徳：耐火物, **50** (1998), 316
62) 吉富丈記, 原田 力, 平櫛敬資, 向井楠宏：鉄と鋼, **72** (1986), 411
63) 吉富丈記, 平櫛敬資, 向井楠宏：鉄と鋼, **73** (1987), 1535
64) 余 仲達, 向井楠宏：日本金属学会誌, **59** (1995), 806

65) 余 仲達, 向井楠宏：日本金属学会誌, **56** (1992), 1137
66) 向井楠宏, 増田竜彦, 吉富丈記, 原田 力, 藤本章一郎：鉄と鋼, **70** (1984), 823.
67) 陶 再南, 向井楠宏, 小形昌徳：耐火物, **50** (1998), 460
68) T. B. King: Trans. Met. Soc., AIME, **230** (1964), 1671
69) 余 仲達：学位論文（九州工業大学, 物質工学専攻）, (1993)
70) F. Hauck and J. Pötschke: Arch. Eisenhüttenw., **53** (1982), 133
71) K. Mukai, J. M. Toguri and J. Yoshitomi: Can. Metall. Q., **25** (1986), 265
72) K. Mukai, J. M. Toguri, N. M. Stubina and J. Yoshitomi: ISIJ Int., **29** (1989), 469
73) T. Kii, K. Hiragushi, H. Yasui and K. Mukai: Unified International Technical Conference on Refractory, 4th Biennial Worldwide Conference on Refractories, TARJ, Kyoto, **3** (1995), 379
74) Z. Li, K. Mukai and Z. Tao: ISIJ Int., **40** (2000), Supplement, S101
75) J. Thomson: Phil. Mag., Ser., **4, 10** (1855), 330
76) G. Kaptay and K. Kelemen: ISIJ Int., **41** (2001), 305
77) 向井楠宏, 林 煒：鉄と鋼, **80** (1994), 527
78) 向井楠宏：鉄と鋼, **82** (1996), 8
79) 向井楠宏, 古川義純, 瀬川英生, 横山悦郎, 2001年12月, 小牧空港で実施（未発表）
80) 向井楠宏, 林 煒：鉄と鋼, 80 (1994), 533
81) K. Mukai and M. Zeze. : steel research, **74** (2003), 131
82) K. Mukai, L. Zhong and M. Zeze: ISIJ Int., **46** (2006), No.12 掲載決定
83) 向井楠宏, 辻野良二, 沢田郁夫, 瀬々昌文, 溝口庄三：鉄と鋼, **85** (1999), 307
84) 辻野良二, 向井楠宏, 山田 亘, 瀬々昌文, 溝口庄三：鉄と鋼, **85** (1999), 362
85) 緒方浩二, 天野次朗, 森川勝美, 吉富丈記, 浅野敬輔：耐火材料, **152** (2004), 24
86) 瀬川英生：修士論文（九州工業大学, 物質工学専攻）, (2003)
87) 中大路裕貴：修士論文（九州工業大学, 物質工学専攻）, (2004)
88) M. Tamagawa, K. Mukai and Y. Furukawa: Particulate Process in the Pharmaceutical Industry, Montreal, CANADA, (2005), 10

索引

【あ行】

アルミナの核生成 ……………… 121
─────・グラファイト質耐火物
　（局部溶損）………………… 141
アルミニウム脱酸 ……………… 121
泡 …………………………… 76, 78
液滴振動法 ……………………… 67
エトヴェシュの式 ……………… 21
エマルジョン ……………… 76, 78
エントロピー ………………… 9, 21
─────項 ……………………… 19
オストワルト成長 ……………… 55
温度係数［→表面張力］

【か行】

界面 ……………………………… 7
──の構造［→接触角］
──が発達した世界 …………… 1
──撹乱 ………………… 34, 76
──過剰量 ……………………… 9
界面現象 ……………………… 114
　材料プロセッシングにおける──
　……………………………… 114
　非平衡状態の── …………… 73
　平衡状態の── ……………… 35
　──・その場観察 ………… 114
界面性質 ………………………… 66
　非平衡状態での── ………… 66

界面張力 ………………………… 68
　スラグ／メタル間── …… 89, 98
　非平衡状態での── ………… 69
　────勾配駆動型運動 …… 151
界面物理化学 …………………… 1
核生成速度 ……………………… 73
拡張仕事［→ぬれの尺度］
──ぬれ ………………………… 41
ガスカーテン ………………… 115
片山－グッゲンハイムの式 …… 22
過飽和現象 …………………… 121
ギブズエネルギー ……………… 10
──の吸着式 ………………… 36
──の分割面 …………………… 8
───デュエムの式 … 17, 37, 52
───トムソン効果 …………… 51
───マランゴニ効果 ………… 67
気泡 ……………………………… 78
──・生成, 離脱 …………… 122
吸着 ………………………… 35, 124
　硫黄の吸着 ………………… 124
　酸素の── ………………… 124
　正── ………………………… 35
　負── ………………………… 35
凝集 ……………………………… 79
局部溶損［→耐火物の局部溶損］
曲率の影響 ……………………… 45

索　　引

蒸気圧……………………… 45
蒸発熱……………………… 49
相律………………………… 56
融点………………………… 51
溶解度……………………… 52
曲率半径［→表面張力］
銀（耐火物への浸入）……… 119
均質核生成………………… 57
クリーミング……………… 79
結合エネルギー［→表面張力］
ケモカイン濃度勾配下の白血球…151
ケルヴィンの式…………48, 62
合一………………………… 79
高純度アルミナ（抗ノズル閉塞材）150
誤差［→測定誤差］

【さ行】

最大泡圧法………………… 89
サスペンジョン…………76, 78
蒸気圧［→曲率の影響］
蒸発熱［→曲率の影響］
シリコン液柱………………129
浸漬円筒法………………… 89
──仕事［→ぬれの尺度］
──ぬれ…………………… 41
──ノズルの閉塞…………149
浸透………………………… 80
水銀（耐火物への浸入）……119
スラグ（耐火物への浸透）…116
──の泡立ち………………123
──の表面張力…………88, 96
──／ガス界面（局部溶損）……133
──／メタル界面（局部溶損）
　　　………………………133, 142

スラグ滴の伸縮（電位の変化に基づく）
　　　……………………………129
スラグフィルムの運動
　（濃度勾配に基づく）………132
正吸着……………………… 35
静的測定法（表面張力の）…… 87
静滴法……………………67, 88
接触角………………… 41, 70, 90
　　後退接触角……………… 72
　　前進──………………… 72
　　ヒステリシス…………… 71
接触角と界面の構造………107
──と化学組成……………102
──と表面の粗さ…………106
ゼロ吸着面………………… 13
線張力……………………… 42
相律［→曲率の影響］
測定誤差…………………… 86
　偶然誤差………………… 86
　系統──………………… 86
その場観察…………………114

【た行】

耐火物の局部溶損…………133
　$SiO_2(s)$-$(Fe_tO$-$SiO_2)$ スラグ系 139
　$SiO_2(s)$-$(PbO$-$SiO_2)$ スラグ系 135
　$SiO_2(s)$-$(PbO$-$SiO_2)$ スラグ-
　　$Pb(l)$系 ………………137
　アルミナ・グラファイト質 141, 142
　マグネシア・カーボン質　141, 143
　マグネシア・クロム質　…139, 140
　実用耐火物−スラグ系 139, 140, 141
　実用耐火物−スラグ−メタル系
　　………………………139, 140, 141

樋材……………………………140
耐火物への浸透（スラグ）………116
―――への浸入（溶鋼）…………118
脱チツ反応速度…………………124
チッ素の吸収速度………………124
張力面…………………………… 15
チョクラルスキー法……………… 96
データブック（界面性質の）………108
鉄（耐火物への浸入）……………119
鉄鋼製錬プロセス…………… 96, 114
動的測定法（表面張力の）………… 87
トムソンの式……………………… 52
ドライビングエネルギー
　（driving energy）……………77, 79
トルマンの式……………………… 19
ドロマイト（抗ノズル閉塞材）……151

【な行】
内部エネルギー…………………9, 36
―――――項……………………… 19
二分割面………………………… 10
ぬれ………………………40, 115, 143
　　拡張ぬれ……………………… 41
　　浸漬――……………………… 41
　　付着――……………………… 41
　――の尺度……………………… 41
　　拡張仕事……………………… 42
　　浸漬――……………………… 42
　　付着――……………………… 42
　　接触角………………………… 41
　――のヒステリシス……………… 72
ぬれ性（接触角）……………… 70, 90
　　メタル-セラミックス間の――… 100

【は行】
排液……………………………… 79
パウダー／メタル界面（局部溶損）141
バッカーの式……………………… 29
微細気泡の運動
　（表面張力勾配下水溶液中）……145
―――――の挙動
　（水溶液の凝固界面前面）………146
微細黒鉛粒子の沈降速度
　（温度勾配下純水中）……………151
ヒステリシス［→接触角］
比表面積………………………… 2
表面……………………………… 7
――の粗さ［→接触角］
――応力………………………… 22
――撹乱………………………… 34
――活性成分…………………… 87
――自由エネルギー……………… 64
表面張力………………………10, 67
　スラグの表面張力…………88, 96
　メタルの―――……………86, 91
　　――と温度…………………… 21
　　――の温度係数…………21, 94
　　――と曲率半径……………… 16
　　――と結合エネルギー……19, 92
　　――と分割面の位置………… 13
　　―――・熱力学的解釈……… 10
　　―――・力学的解釈………… 26
　　――因子……………………… 96
　　――勾配駆動型運動…………151
表面抵抗モデル…………………124
微粒子の捕捉, 押し出し（凝固界面での）
　…………………………………146

索　引

不均質核生成……………………… 63
負吸着………………………………… 35
付着仕事 [→ぬれの尺度]
　──ぬれ………………………… 41
フロイントリヒ―オストワルトの式 54
分割面の位置 [→表面張力]
分散…………………………………… 76
　──気泡………………………… 78
　──系…………………………… 76
　──系の安定性……………… 77
　──質…………………………… 76
　──相…………………………… 76
　──媒…………………………… 76
ヘルムホルツエネルギー
　………………………… 2, 9, 11, 57, 63
放物線飛行………………………… 147
泡沫………………………………… 78
ポーラスプラグれんが…………… 122

【ま行】

マグネシア・カーボン質耐火物
　(局部溶損)……………… 141, 143
　───・クロム質耐火物
　(局部溶損)……………… 139, 140
マランゴニ効果…… 3, 32, 74, 114, 143
　材料プロセッシングにおける──
　……………………………………… 125
　────・直接観察……… 125
　────数………………………… 33
マランゴニ対流……… 3, 33, 124, 127
　温度勾配に基づく────… 125
　電位の変化に基づく────… 129
　濃度勾配に基づく────… 132
　────・特徴……………… 75

無重力状態………………………… 147
迷路係数…………………………… 82
メタルの表面張力……………… 86, 91
メタルプール(溶接時の)……… 127

【や行】

ヤングの式………………………… 42, 65
　───―デュプレの式……… 43
融合………………………………… 79
融点 [→曲率の影響]
溶解度 [→曲率の影響]
溶鋼(耐火物への浸入)……… 118
溶接時のメタルプール………… 127
溶融塩液柱………………………… 125

【ら行】

ラプラスの式……… 16, 29, 45, 67, 145
臨界核……………………………… 60
レビュー(界面性質の)………… 109
連鋳プロセス……………………… 115
　──用浸漬ノズル材…………… 141

【わ行】

ワインの涙………………………… 32, 144

■著者略歴

向井 楠宏（むかい くすひろ）

1963 年	名古屋大学工学部 金属学科卒業
1968 年	名古屋大学大学院工学研究科博士課程 単位取得満期退学
同 年	名古屋大学工学部助手
同 年	工学博士（名古屋大学）
1969 年	九州工業大学工学部助教授
1985 年	University of Toronto (Canada) 客員教授
1986 年	九州工業大学工学部教授
2004 年	定年退官
同 年	黒崎播磨株式会社技術研究所顧問
2005 年	Imperial College (UK) 客員教授

九州工業大学 名誉教授
東北大学（中国）名誉教授

こうおんゆうたい の かいめんぶつりかがく
高温融体の界面物理化学　　2007 年 1 月 25 日　初版第 1 刷発行

著　者　向井　楠宏 ©
発行者　比留間柏子

発行所　株式会社 アグネ技術センター
　　　　〒107-0062　東京都港区南青山 5-1-25 北村ビル
　　　　電話 03 (3409) 5329・FAX 03 (3409) 8237
　　　　振替 00180-8-41975

印刷・製本　株式会社 平河工業社

落丁本・乱丁本はお取替えいたします。　　Printed in Japan, 2007
定価は表紙カバーに表示してあります。　　ISBN 978-4-901496-35-3 C3043